性能优化的低碳排放建筑设计

Optimized Sustainable Performance for
Low Carbon Building Design

李珺杰　著

中国建筑工业出版社

图书在版编目（CIP）数据

性能优化的低碳排放建筑设计 = Optimized
Sustainable Performance for Low Carbon Building
Design / 李珺杰著. -- 北京：中国建筑工业出版社，
2024. 7. -- ISBN 978-7-112-30065-5

Ⅰ. TU201.5

中国国家版本馆CIP数据核字第2024BM9798号

本书的主要案例主要来自中国国际太阳能十项全能竞赛的作品以及作者参与的部分实践案例，还包括与本书主题相关案例的实测调查。

本书承蒙陈张敏聪夫人慈善基金（中国香港）的慷慨支持。

责任编辑：段　宁　戚琳琳
责任校对：赵　力

性能优化的低碳排放建筑设计
Optimized Sustainable Performance for
Low Carbon Building Design
李珺杰　著

*

中国建筑工业出版社出版、发行（北京海淀三里河路9号）

各地新华书店、建筑书店经销
北京雅盈中佳图文设计公司制版
建工社（河北）印刷有限公司印刷

*

开本：787毫米×1092毫米　1/16　印张：11¹/₂　字数：245千字
2024年7月第一版　2024年7月第一次印刷
定价：99.00元
ISBN 978-7-112-30065-5
　　　（43172）

谨以此书，献给十几年来一起在 SDC 战场上并肩作战的师长、同学、好友、学生。

序一

全球气候变化已成为当今时代最严峻的挑战之一，其带来的极端天气和环境问题对人类社会的可持续发展构成了重大威胁。作为能源消耗和碳排放的重要领域，建筑行业如何在保障高性能的同时实现低排放，已成为各国亟待解决的关键问题。

本书的作者李珺杰是我在清华大学的第一个博士生。她在建筑设计、建筑环境与能源应用工程领域有着丰富的学术积累和实践经验。在北京交通大学和瑞士苏黎世联邦理工学院（ETH Zurich）所展开的学术研究，进一步拓展了她的学术视野和研究能力。她主持和参与了多项国家级科研项目，并在国内外重要期刊及会议上发表了很多学术成果。这些成果不仅为本书的编写提供了坚实的理论基础和丰富的实践案例，也使得本书内容更具前瞻性和实用性。

本书以她十几年以来持续参加中国国际太阳能十项全能竞赛的经历为基础。本书的案例也主要来源于她参加、指导竞赛过程当中设计建造的优秀作品，以及她参与的相关实践项目。这些案例通过翔实的数据和科学的分析，生动展示了性能优化的低碳排放建筑在实际应用中的成效。

性能优化的低碳排放建筑的核心在于通过建筑设计和建造的全生命周期管理，最大限度地减少能源消耗和碳排放。本书详细探讨了如何通过气候适应性设计、零碳建筑技术、低碳建造方法以及建筑运行过程中的高效能源利用，来实现这一目标。特别是在材料选择和建造方式上，本书深入分析了隐含碳的影响和可再生材料的应用，以及装配化建造技术对降低建筑碳排放的重要性。

在全球推进碳中和目标的背景下，各国政府纷纷制定了建筑领域的减碳计划，中国也提出了到 2030 年实现碳排放达峰，并在 2060 年实现碳中和的目标。要实现这一目标，建筑行业的绿色转型至关重要。本书为从事建筑设计、研究和教育的人员提供了宝贵的理论指导和实践参考，旨在推动建筑行业的可持续发展。本书的出版不仅凝聚了作者多年来的研究心血，也得到了诸多专家学者和实践者的支持和帮助。在此，我谨代表作者，向所有为本书付出辛勤努力的人们表示诚挚的感谢。希望本书的出版，能够为推动建筑行业的绿色发展贡献一份力量。

宋晔皓

清华大学建筑学院教授

国际主动式建筑国家联盟（Active House National Alliances）委员会主席

2024 年 7 月

序二

2023 年 7 月 27 日联合国秘书长古特雷斯就全球 7 月高温发表声明："全球变暖的时代已经结束，全球沸腾的时代已经到来。空气无法呼吸，化石燃料的利润水平和对气候的不作为是不可接受的。领导者必须行动起来，不要再犹豫，不要再找借口，不要再等别人先行动，我们没有更多的时间了。"

中国建筑节能协会在多方政府部门协商中，公布了建筑在国家碳排放中的数据，即建筑建造占 24%，建筑运营占 20%。住房城乡建设部又提出了"好房子"的新理念。

国务院关于印发《2024-2025 节能降碳行动方案》的通知中明确要求：2024 年，单位国内生产总值能源消费和二氧化碳排放分别降低 2.5% 左右、3.9% 左右。工业单位增加值能源消耗降低 3.5% 左右。非化石能源消耗占比达到 18.9% 左右。重点领域和行业节能降碳改造形成节能量约 5000 万吨标准煤，减排二氧化碳约 1.3 亿吨。2025 年，非化石能源消费占比达到 20% 左右，重点领域和行业节能降碳改造形成节能量约 5000 万吨标准煤，减排二氧化碳约 1.3 亿吨，尽最大努力完成"十四五"节能降碳约束性指标。

建筑是人民群众工作生活的基础设施。随着科学发展，提出了新的绿色目标，即安全耐久、健康舒适、生活便利、资源节约、环境宜居。建筑又是碳排放的三大源头（工业、建筑、交通）之一。本文作者紧紧抓住了这两个主因编写本书，是与国内外形势与时俱进的一次科学行动，是宣传推广绿色低碳的积极行动，有一定程度的教育意义。

建筑降碳在过去建筑节能的基础上，随着国家能源转型，电气化率已成为目前突出关键，光储直柔与电气化率是建筑降碳的重点，不仅要在西部戈壁沙漠建立光伏电站，东部建筑上也要配置光伏板（有些大城市不配光伏板，施工图审查就通不过，不能开工），这些内容本书中均有阐述。

作者把握国内外的学习与实践，总结撰写这书，有一定的现实意义与教育意义。可作为科研、设计、教育相关人员的参考，期望阅读中结合各自的体会及时禀告作者，将来能看到更上一层楼的著作。

王有为

中国城市科学研究会绿建委主任委员

前言：
为什么建筑要提升性能并减少碳排放？

气候变化、资源耗竭和环境退化不仅影响地球的生存环境，也对人类健康和福祉产生影响。世界卫生组织（WHO）宣称"气候变化是 21 世纪全球健康面临的最大威胁"。根据气候的监测数据，2022 年的全球气候温度较 1884 年，即前工业时代增长了 1.1℃。二氧化碳（CO_2）是一种重要的温室气体，它来自于化石燃料（如煤炭、石油和天然气）的提取和燃烧、野火以及火山喷发等自然过程。自工业时代（18 世纪）以来，人类活动已使大气中的二氧化碳含量增加了 50%，这意味着现在的二氧化碳含量是 1750 年数据的 150%。

全球范围内，越来越多的国家和地区正在制定碳达峰和碳中和的目标，以应对气候变化和减少温室气体排放。欧盟于 2019 年宣布，将于 2050 年前实现碳中和目标。此外，欧盟还设定了 2020 年、2030 年和 2040 年的减排目标，以逐步减少温室气体排放。英国政府于 2019 年通过法律规定，将于 2050 年前实现碳中和目标。这意味着英国将在 2050 年前减少净温室气体排放至零，并采取适当的负排放措施来抵消剩余的排放。加拿大政府于 2021 年宣布，将在 2050 年前实现碳中和目标。此外，加拿大还设定了 2030 年的减排目标，计划将温室气体排放量减少至 2005 年水平的 30%~40%。美国政府在 2021 年重新加入《巴黎协定》，承诺将在 2050 年前实现碳中和目标。此外，美国一些州和城市也制定了更为雄心勃勃的目标，例如加利福尼亚州计划在 2045 年前实现碳中和。世界各国在碳中和的目标上都有着共识，日本、韩国、澳大利亚、新西兰、丹麦、荷兰等国家政府纷纷制定了 2050 年前实现碳中和的目标，瑞典和芬兰更是计划更早地实现碳中和的目标。中国政府于 2020 年宣布，将力争在 2030 年前实现二氧化碳排放达峰，并在 2060 年前实现碳中和，即净零排放。中国是全球最大的温室气体排放国，其碳中和目标对全球气候目标的实现至关重要。

建筑行业在二氧化碳的增加进程中，占有了很大的比重。研究表明，建筑物排放的二氧化碳约占全球的 38%，对该数字的细分显示，全球 28% 的二氧化碳排放量源自建筑运行期间的排放量——通常称为运行碳；其余 10% 来自建筑材料和建筑建造期间的排放量——被称为隐含碳。持续不断的建设量增加，将继续增加人类在环境中的碳足迹，更多的温室气体排放，将进一步引发更为严重的全球气候变化和气候灾害。

对全球建筑业气候追踪的调查表明，建筑建造业仍无法在 2050 年实现脱碳。全球建筑业气候追踪监测了建筑建造业在实现《巴黎协定》路径的进展。2021 年，脱碳水平从 2020 年的高点 11.3% 降至 8.1%。目前的观察显示，自 2020 年以来，建筑行业的脱碳出现了负反弹，能源强度增加，排放量增加。这导致观察到的能效与所需路径之间的差距越来越大，差距从 2019 年的 6.6 点，扩大到 2021 年的 9 点（图 0-1）。

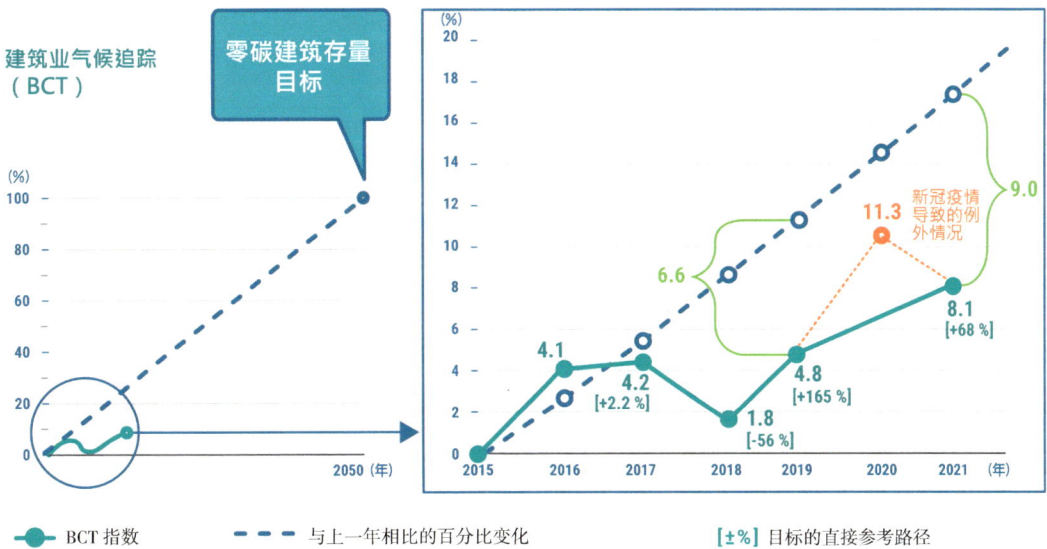

图 0-1　2050 年零碳建筑存量目标的直接参考路径（左）；将 2015 年至 2021 年期间的图形放大，
将看到的建筑业气候追踪与参考路径进行比较（右）
资料来源：联合国环境署，《2022 年全球建筑建造业现状报告》，由欧洲建筑性能研究所改编。

在建筑的发展进程中，建筑—环境—人三者之间的协调关系是长期以来被重点讨论的话题。一方面，建筑和城市化过程中，大量的自然生态环境被破坏和剥夺，导致生物多样性丧失。建筑废弃物和土地开发对野生动植物的栖息地造成破坏，对生态系统的平衡和稳定性产生负面影响。资源的消耗也是人类生存发展不可忽视的问题，建筑在建造、运行和拆除过程中会消耗大量的自然资源（图 0-2），如能源、水资源和原材料。能源的开采和利用以及原材料的提取和加工过程会对环境产生负面影响，包括能源的过度使用、水资源的枯竭和生态系统的破坏。此外，建筑活动产生大量的废弃物和建筑垃圾，包括施工废料、拆除的废弃物和装修废料等。这些废弃物需要进行回收和处理，如果处理不当，可能对土壤、水体和生态系统造成污染和破坏。

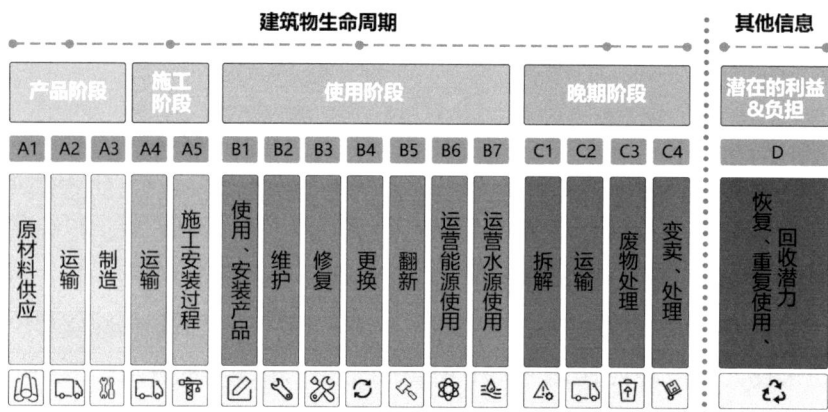

图 0-2　建筑全生命周期阶段信息

资料来源：Röck M., Mendes Saade M.R., Balouktsi M., Rasmussen F.N., Birgisdottir H., Frischknecht R., Habert G., Lützkendorf T., Passer A. 2019. Embodied GHG emissions of buildings—the hidden challenge for effective climate changemitigation. Applied energy.

另一方面，建筑以人为本，人的健康是建筑学永恒关注的话题。随着建筑建设量不断增加，在大城市中逐步搭建完善了人工环境网络，甚至串联起整个城市，将人们从居住到工作的生活轨迹几乎全部纳入了人工环境当中。据统计，城市中的人一天中平均 80%~90% 的时间都处于建筑中，建筑与人类的关系，特别是建筑室内环境与人健康的和谐关系，既是人类健康生存的可持续发展需要，也是人工环境的可持续建设的前提之一。建筑物和城市化进程导致城市热岛效应的加剧。高密度的建筑和大量的硬质表面（如混凝土和玻璃）吸收和储存热量，导致城市内部温度升高，形成热岛效应。这会引发城市能源消耗的增加、空气质量下降以及人们的健康问题。这进一步强调了建筑环境品质对健康和舒适度的重要性。室内空气质量、照明、噪声、温湿度和空间布局等因素对人们的生活质量、工作效率和健康状态产生深远影响。因此，创造健康、舒适和安全的室内环境是建筑设计和管理的重要目标。

本书是在低碳时代建筑行业设计与建造实践过程中的一些策略性的回应。自 2009 年至 2023 年，作者共 14 年参加国际太阳能十项全能竞赛。本书所举出的案例，大部分来自作者其中 4 届的参赛经历（SDE 2010，SDC 2013，SDC 2018，SDC 2022）。此外，作为观察员，笔者还参加了欧洲、美洲两个赛区的竞赛观摩（SDE 2012，SD 2017）。这些作品在竞赛严苛的主客观指标下，都体现出高水平的性能表现特性，并且由于竞赛要求所有能源来自于可再生能源，这些建筑也必须首先满足零能耗的要求，部分还体现出

土地使用
土地征用的正当程序，尊重土著和文化权利，减少原材料开采，促进城乡合作，实施可持续林业、农业和造林实践，确保安全和公平的工作条件。

循环
负责处理、再利用和回收建筑材料，处理空置土地和项目遗产。推动楼宇再用。

规划+金融
投资新材料、更好的技术。促进合作，激励公正。循环经济和生物经济贯穿整个生命周期。促进农业和林业部门之间的合作。

数据透明度

责任感

参与

人的尊严
+
生物多样性

管理+使用
通过重新评估在循环材料经济中维护材料和生活系统的重要性，提供机会来增加维修工人和居住者的价值和权利。

设计
优先考虑支持生态系统多样性、人类身心健康、包容性和可达性的建筑材料、室内空间和城市基础设施。

建设
建筑工人的权利，建筑安全，负责任的材料采购。优先使用具有环境可持续性和公平劳动生产实践认证的材料。

图 0-3　贯穿建筑环境生命周期的框架
资料来源：根据 UN Building Materials and The Climate：Constructing a New Future 改绘。

甚至是负能耗的优异表现。因此，本书第 1 章节主要梳理了性能优化的低碳排放建筑的设计目标，以国际及中国太阳能十项全能竞赛为例，整理了达成目标的部分策略指标；本书第 2~4 章主要包括了被动式的空间原型设计、低碳选材和建造、能源利用策略三个方面的内容，分别对应建筑全生命周期的前期设计阶段、建造阶段和运行阶段，并以作者在该竞赛中完成的实际项目为例，整理了对应策略在建筑当中的应用示范（图 0-3）。本书的第 5 章是在中国国际太阳能十项全能竞赛中的另一种尝试。在兼顾低碳、快速建造的同时，设计团队希望通过设计作品呼吁关注气候变化和极端天气所带来的影响，让建筑学子在校学习期间关注环境问题，同时考虑弱势群体的生理和心理需求，形成建筑学人的社会责任感。本书的最后一章，是作者参赛过程中，从学生到老师身份转化的心得体会。从竞赛课程融入和实践教学的视角，阐述可持续设计在建筑学教育中的思路。

目　录

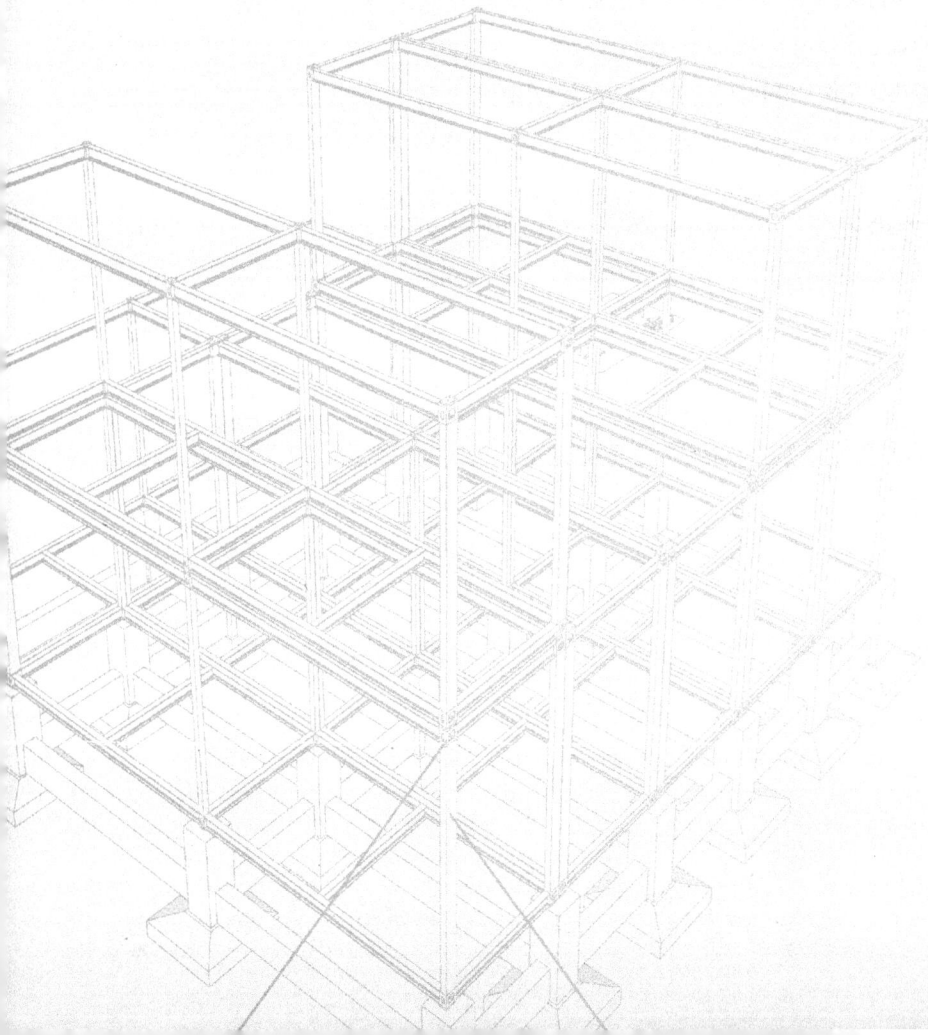

第 1 章

低碳排放建筑的
性能优化目标

联合国在 2000 年制定了千年发展目标（MDGs），旨在减轻全球贫困和改善全球人类生活状况的具体目标，但未能充分考虑环境问题、社会不平等和可持续性等因素。为了弥补 MDGs 的不足，2012 年联合国举行了"里约 +20"峰会，回顾了 1992 年里约地球峰会的成果，并提出了可持续发展目标的构想。2015 年，联合国可持续发展峰会通过了可持续发展目标（Sustainable Development Goals，SDGs），以应对全球面临的社会、经济和环境挑战。SDGs 共包括 17 个具体目标（图 1-1），旨在实现到 2030 年的可持续发展。这 17 个目标可以简述为：

（1）消除贫困（无贫困）：在全球范围内消除一切形式的贫困和饥饿。

（2）零饥饿：实现全球粮食安全、改善营养状况和可持续农业。

（3）健康与福祉：确保人人享有健康的生活方式，促进各个年龄段的福祉。

（4）优质教育：为所有人提供公平且优质的教育，并促进终身学习。

（5）性别平等：实现性别平等和女性赋权，消除一切形式的性别歧视。

（6）干净水与卫生设施：确保可持续管理和可获得的水和卫生设施，解决饮水和卫生危机。

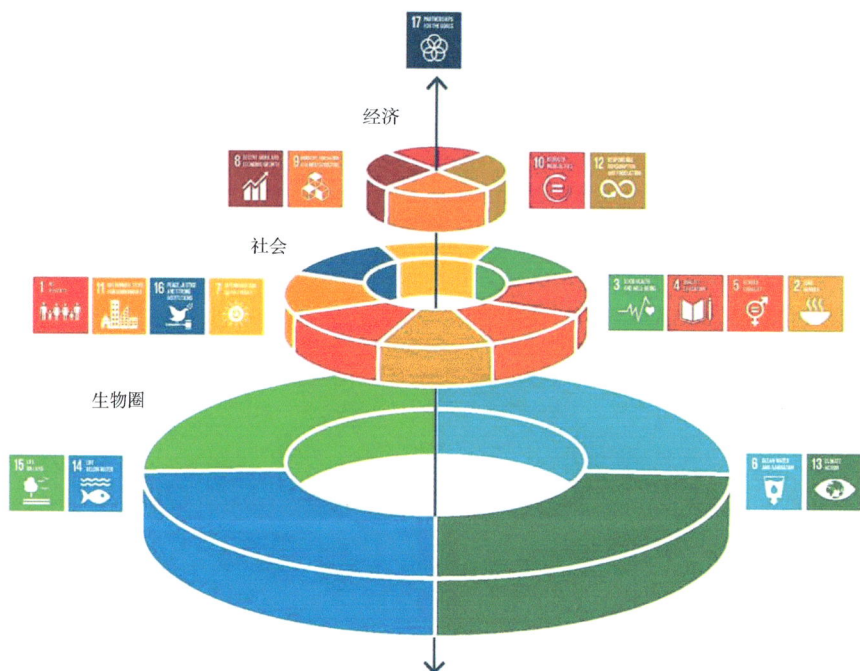

图 1-1 联合国可持续发展目标 SDGs

资料来源：2014 年 Rockström 和 Sukhdev 提出的关于与地球生物圈基础和人类安全运行空间相关的 17 个可持续发展目标。

（7）可负担能源：确保负担得起、可靠、可持续和现代的能源供应。

（8）良好就业与经济增长：促进包容性和可持续的经济增长，提供体面的工作和经济机会。

（9）产业创新和基础设施建设：促进包容和可持续的工业化、创新和基础设施发展。

（10）减少不平等：减少国家之间和国内的不平等，包括经济、社会和政治领域。

（11）可持续城市与社区：使城市和人类定居点包容、安全、有弹性和可持续。

（12）负责任的消费和生产：推动可持续的消费和生产模式，包括提高资源利用率和减少浪费。

（13）气候行动：采取紧急行动应对气候变化及其影响，并加强抗灾能力。

（14）海洋生态系统保护：保护和可持续利用海洋及海洋资源，维护健康的海洋生态系统。

（15）生物多样性保护：保护、恢复和可持续利用陆地生态系统，促进生物多样性。

（16）和平、公正与强大的机构：促进和平、包容和公正的社会，建设有效的机构。

（17）合作伙伴关系：加强全球合作，实现可持续发展目标的实施。

17个目标共同构成了一个综合的可持续发展议程，通过政府、企业、社会组织和个人的合作努力，致力于建设一个更加公平、繁荣和可持续的世界。在可持续发展目标下，建筑行业与每项目标均具有关联性，尤其是与第7、11、13个目标有着密切的关系。

在促进可持续能源和资源利用方面，SDGs要求建筑行业减少能源消耗和资源浪费，推动可再生能源的使用，并鼓励高效能源利用的建筑设计。这有助于减少对环境的不良影响，降低碳排放，并促进可持续能源的发展，对于应对气候变化和实现低碳经济至关重要。

在提高建筑安全和可持续性方面，SDGs要求建筑行业关注建筑物的结构安全性和抗灾能力，以减少人员伤亡和财产损失。此外，它还鼓励使用可持续建筑材料和技术，减少对环境的损害，并提高建筑物的寿命和可维护性。这有助于构建更加可持续和适应性强的城市环境。

在促进可访问性和包容性方面，SDGs要求建筑行业提供包容性设计，确保建筑物和城市环境属于所有人群，包括老年人、残疾人和弱势群体。这有助于创造一个公平、包容的社会，并提高人们的生活质量。

在提高城市规划和管理方面，SDGs鼓励城市规划和管理的可持续性，包括有效的土地利用、交通规划、环境管理和基础设施建设。这有助于实现城市的可持续发展，提高城市居民的生活质量，并减少不可持续的城市扩张。

在可持续的发展背景下，建筑领域的可持续性提升对于缓解全球气候变化、整体可持续目标的达成意义重大。本书立足于建筑的低碳发展进程，并强调通过提高建筑的可持续性能表现，来更进一步与整体社会发展相契合。建筑的高性能表现目标与可持续的发展目标关注的三大方向一致，分别在环境、经济、社会三个层面体现出建筑视角下设计、建造和运行的优越性能，但同时不以增加环境负荷为代价，与整体环境低碳发展的路径相匹配，符合国家的低碳发展目标。

可持续发展的目标可以被理解为一种中性的状况，即建筑的建造与运行对环境产生近零影响的状态。相较于传统建筑以及节能减排的建筑来说，它对环境的积极影响和消极影响相互抵消。也有学者预测，进一步可持续发展的潜在路径可能是一种更加积极的状态，即建筑适应和转变甚至能够增加对环境的正面影响，通过再生和恢复对已经破坏的环境产生积极的影响（图1-2）。

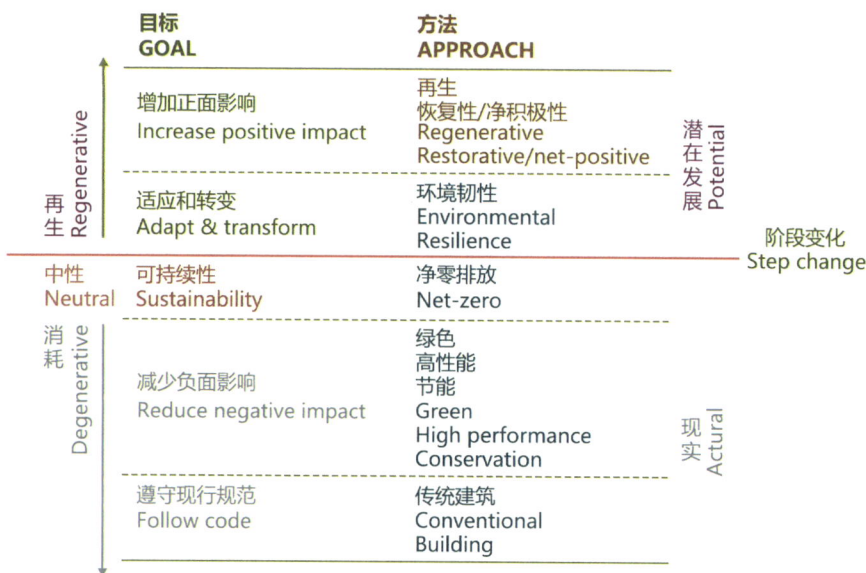

图1-2　持续发展的潜在路径

资料来源：改绘自 Reed，B.（2007）Shifting from "sustainability" to regeneration. Building Research & Information，35（6）：674-680.

1.1　建立高性能低排放的建筑设计目标

"高性能低排放"一词常出现于制造业。通常用来形容某种产品、技术或系统在性能方面表现出色，同时在排放方面保持较低水平的特征或特点。例如高性能低排放汽车，它具有卓越的性能，如加速、驾驶稳定性和燃油效率，并且排放的污染物较少，有助于减少环境影响；高性能低排放发电厂，能够以高效率产生电力，同时减少大气排放，减少空气污染和温室气体排放；高性能低排放计算机硬件，能够提供卓越的计算性能，同时尽可能减少电能消耗和热量排放。建筑行业随着工业化的发展，向制造业学习的口号已经经历了近百年，在"像造汽车一样造房子"的驱动下，建筑行业也在逐步提升精益建造、数字建造、绿色建造、装配式建造等新型建造方式，建筑业可以向制造业学习许多有益的经验和方法，以提高效率、质量和可持续性。

可持续发展是一个综合性的概念，包含了社会、经济和环境三个方面（图1-3）。从社会可持续发展的角度来看，是以人为核心的建筑性能提升。建筑以人为本，健康、舒适的生活环境有利于促进社会的可持续发展。另一方面，从人类社会的公平和包容性的视角，社会可持续发展还强调社区参与和社会合作，以实现共同利益和共同目标。人在不同的需求层次下，找到适合该状态下的物质精神满足的空间营造，从而达到在不同功能属性和需求层次的高满意度，是空间环境在社会可持续性层面的体现。经济可持续发展强调的是经济增长与资源利用、环境保护和社会公平之间的平衡。它包括推动创新和技术发展，提高生产效率，同时减少对有限资源的过度消耗。因此，高性能低排放建筑在经济可持续层面上，主要体现为高效率地利用资源和材料、高效率的建造方法和高效率的空间利用模式。环境可持续发展关注的是保护和恢复地球上的自然资源和生态系统。它包括减少污染和废弃物的排放，保护生物多样性，推动可再生能源的使用，采取气候变化适应和减缓措施，以及促进可持续的土地利用和水资源管理。环境可持续发展追求人与自然之间的和谐共生，以确保地球的健康和可持续性。高性能低排放的建筑在环境层面上体现出建筑空间环境在人与自然之间，物理环境的高舒适度，包括热环境、光环境、声环境、空气品质四个方面，但同时与自然的和谐共生需建立在最小的环境负荷上，即尽可能小地

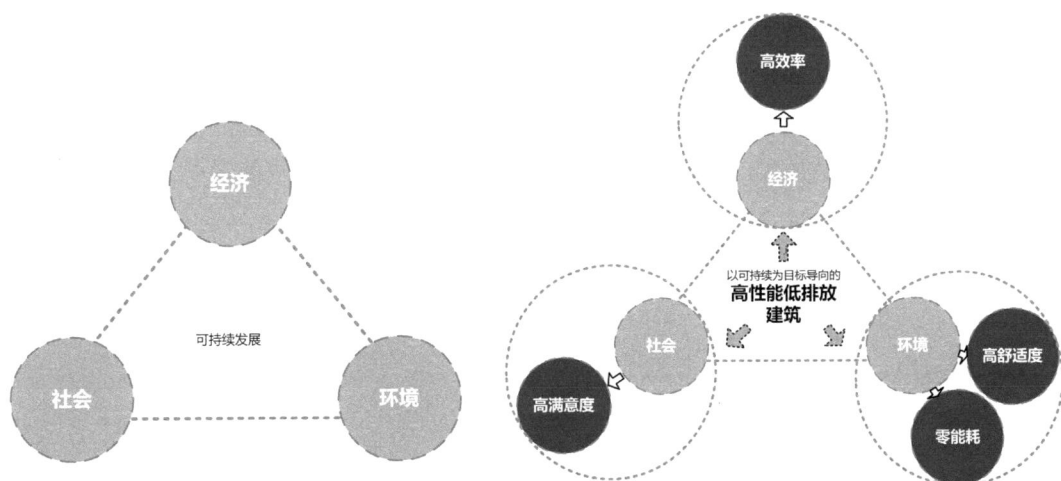

图1-3　高性能低排放建筑的可持续发展目标

产生环境污染和能源消耗，充分利用可再生能源，从而实现建筑建造和运行的零能耗目标。如果建筑在设计、建造和运行过程中与可持续的发展目标相匹配，以最小化碳排放和能源消耗为目标，所表现出的建筑性能（热工性能、采光性能、声学性能和空气品质等指标）能够与人体健康、舒适的工作或生活需求相符合，则可以被认为是高性能建筑，并且满足低碳建筑的目标。

高性能低排放建筑是在建筑视角下，对可持续发展目标框架的更进一步细化，不仅关注建筑本身在设计、建造、运行期间的碳排放情况，还综合考虑建筑对人和环境的影响，对建筑的可持续性能表现提出了更高的要求。高性能低排放建筑注重以人为本、与环境共生，建筑的核心不在技术集成，而是更强调建筑作为一种综合的事物的平衡，所谓的"高"也并非代表"高技术""高成本"，性能表现的核心在于价值的体现，综合平衡社会、环境和经济因素。

1.2 性能优化的低碳排放建筑的意义

高性能低排放建筑是从可持续发展的视角，在环境层面创造高物理环境舒适度、低能耗的主、被动设计和技术；在社会层面上以人为本，追求参与者和使用者的高满意度评价；在经济层面上高效率地利用资源和材料、高效率的建造方法和高效率的空间利用模式。

因此，高性能低排放建筑的意义在于：

（1）减小环境负荷：高性能低排放建筑通过采用建筑空间原型设计、主被动技术手段、可再生的材料等方式，减少能源消耗和碳排放，对气候变化和减少环境影响起到积极作用。其目的是最大限度地减少对自然资源的需求，保护生态系统的健康，将对环境的影响降到最低。

（2）提升能源效益：采用创新的设计和建筑技术手段，通过有效的隔热、通风、采光等措施，最大限度地减少能源浪费。利用可再生能源和高效能源系统，降低能源消耗，并通过使用太阳能、地热能等可再生能源形式减少对传统能源的依赖。不仅降低能源成本，还减少对能源供应的压力。

（3）提升经济效益：在长期运行中能够显著降低能源的使用成本。虽然初期投资可能会较高，但随着时间的推移，通过减少能源消耗和运行成本，建筑的主人能够获得可观的经济回报。此外，高性能低排放建筑能够提高建筑的价值和市场竞争力，例如在建造方面提升建造效率、在空间使用方面具有长期的适应和调控能力，使得建筑具有更高的使用效率和经济价值。

（4）关注人的健康与舒适性：注重室内环境质量和建筑长期对人体健康的影响，可提供舒适、健康、愉悦的室内空间环境。采用适宜地通风、空气过滤、绿化等技术，减少室内空气污染物的积累，提高室内空气质量，有利于居住者的健康和舒适感，可提供更好的室内环境体验和用户满意度。

因此，高性能低排放建筑的意义不仅在于减少对环境的影响和能源消耗，还在于为可持续发展提供了实际的解决方案，可以成为未来建筑发展的重要方向，为建筑行业的可持续转型和城市可持续发展作出贡献。

1.3 高性能低排放建筑的典型——以国际太阳能十项全能竞赛为例

国际太阳能十项全能竞赛（Solar Decathlon，SD）是由美国能源局于 2002 年发起并主办、以全球高校为参赛单位的学生太阳能建筑竞赛，被誉为太阳能界的"世博会"、绿色建筑的"奥运会"。在中国国家能源局等单位的支持下，中国国际太阳能十项全能竞赛（Solar Decathlon China，SDC）作为中美能源合作项目之一，于 2011 年落地中国。竞赛强调真实性与复杂性，其目的是让学生通过设计与研发，将建筑设计与绿色节能和太阳能一体化紧密结合，设计、建造并运行一座功能完善、舒适、宜居、具有可持续性的太阳能住宅。竞赛的特殊之处在于：太阳能住宅的所有运行能量完全由太阳能设备供给，评价标准由主观与客观评价综合形成十项全能指标；强调培养学生融通设计思维、动手能力和创新精神；综合各种专业、各种人群、各种角度交织在一个小住宅上或对立或统一的意见；激发理性感性思考、综合分析决策；最终浓缩呈现出一个创新、统合的建筑原型来应对城市与建筑的实际挑战，促进建筑、城市和清洁能源的产、学、研融合与交流。竞赛的规则综合且严苛，以 SDC 2022 为例，比赛下设 10 项单项比赛，主观评价方面包括建筑设计、工程建造、市场潜力、宣传推广和能源能效 5 项，通过国内外顶级专家评判得分；客观评价方面包括室内环境、清洁供暖 / 制冷、家居生活、互动体验和能源自给 5 项，通过现场实际监测数据评比得分，每项满分均为 100 分（表 1-1）。根据赛事的组织和规则，参赛团队普遍会遇到以下三大挑战：能源危机的挑战、城乡和建筑的挑战、快速建造的挑战。这些问题必然会导致建筑的空间、材料、部品、技术、设备、系统、能源、建构、运维等多方面产生变革和创新。竞赛的难度和挑战极大，所完成的建筑均体现出卓越的建筑性能，并且完全实现零能耗运行，是高性能低排放建筑的典型。

三届中国国际太阳能十项全能竞赛规则对比

表 1-1

评比类型	序号	第一届（2011—2013年）评比项	子项	分值	评价标准	序号	第二届（2016—2018年）评比项	子项	分值	评价标准	序号	第三届（2020—2022年）评比项	子项	分值	评价标准
主观	1	建筑（Architecture）	设计和实施（Design and Implementation）；创新（Innovation）；文档（Documentation）	100	建筑评审审查和评估图纸、施工规范、视听演示和最终施工项目	1	建筑（Architecture）	建筑概念和设计方法（Architectural Concept and Design Approach）；架构实践与创新（Architectural Implementation and Innovation）；文档（Documentation）	100	建筑评审团审查和评估图纸、施工规范、视听演示、建筑叙述和最终施工项目	1	建筑（Architecture）	建筑设计（Design）；实施（Implementation）；文档（Documentation）	100	建筑师评审团应通过审查团队的图纸、施工规范、视听演示叙述和对竞赛原型进行现场评估，为设计打出总分
	2	市场吸引力（Market Appeal）	宜居性（Livability）；市场化（Marketability）；可建造性（Buildability）	100	市场吸引力评审团审查和评估图纸、施工规范、视听演示和最终施工项目	2	市场吸引力（Market Appeal）	宜居性（Livability）；市场化（Marketability）；可建造性（Buildability）；负担能力（Affordability）	100	市场吸引力评审团审查和评估图纸、施工规范、视听演示、市场吸引力叙述和最终建造项目	2	工程（Engineering）	系统（Systems）；创新（Innovation）；建设（Construction）；文档（Documentation）	100	工程师／建筑师评审团应为房屋的工程价值和实施分配总分。陪审团将考虑提交的可交付成果，并对竣工房屋进行广泛的评估
	3	工程（Engineering）	功能性（Functionality）；可靠性（Reliability）；文档（Documentation）	100	工程评审团审查和评估图纸、施工规范、能源分析结果和讨论、视听演示和最终施工项目	3	工程（Engineering）	创新（Innovation）；功能性（Functionality）；效率（Efficiency）；可靠性（Reliability）；文档（Documentation）	100	工程评审团审查和评估图纸、施工规范、视听演示、工程叙述和最终施工项目	3	能源（Energy）	能源生产（Energy Production）；能效（Energy Efficiency）；能源管理（Energy Management）；能源安全（Energy Safety）；文档（Documentation）	100	评审团应为项目的能源生产、效率、整合和实施打出总分。评审团将考虑提交的可交付成果，并在比赛期间对竣工房屋进行评估，尤其是共享能源性能数据

续表

评比类型	第一届（2011—2013年）					第二届（2016—2018年）					第三届（2020—2022年）				
	序号	评比项	子项	分值	评价标准	序号	评比项	子项	分值	评价标准	序号	评比项	子项	分值	评价标准
主观	4	宣传（Communications）	最终网站（Final Website）	100	宣传评审团审查和评估网站、视听演示、现场公开展览和公开展览资料	4	宣传（Communications）	宣传策略（Communications Strategy）	100	宣传评审团审查网站、宣传演示、宣传叙述、现场展览和公共展览资料	4	宣传（Communications）	策略（Strategy）	100	由宣传专业人士组成的评审团应通过审查团队应的传播计划、材料和实施数据，为每个团队的传播策略、实施、现场和长期效果打分
			公开展览资料（Public Exhibit Materials）					网络宣传（团队网站和社交媒体）[Electronic Communications (team website and social media)]					在线（Online）		
			公开展览展示（Public Exhibit Presentation）					公开展览材料（现场标牌和讲义）[Public Exhibit Materials (On-site Signage and Handout)]					介绍（Presentation）		
			视听演示（Audiovisual Presentation）					公开展览展示（Public Exhibit Presentation）					文档（Documentation）		
								视听演示（Audiovisual Presentation）							
主观	5	太阳能应用（Solar Application）	系统（Systems）	100	太阳能应用评审团审查和评估图纸、施工规范、能源分析结果和讨论、视听演示和最终施工项目	5	创新（Innovation）	用水量（Water Usage）	100	创新评审团审查评估图纸、施工规范、视听演示和最终施工项目	5	市场潜力（Market Potentials）	目标城市／地区（Target City/Region）	100	评审团应为每个团队提交的材料、建房和市场分析报告打分
			效率（Efficiency）					空气质量（Air Quality）					目标客户（Target Clients）		
			文档（Documentation）					空间供暖（Space Heating）					生产力（Productivity）		
								其他（Others）					文档（Documentation）		

续表

| 评比类型 | 第一届（2011—2013年） | | | | | 第二届（2016—2018年） | | | | | 第三届（2020—2022年） | | | | |
---	序号	评比项	子项	分值	评价标准	序号	评比项	子项	分值	评价标准	序号	评比项	子项	分值	评价标准
客观	6	舒适区（Comfort Zone）	温度（Temperature）	75	将区域温度保持在22~25℃范围内	6	舒适区（Comfort Zone）	温度（Temperature）	40	将区域温度保持在22~25℃范围内	6	室内环境（Indoor Environment）	温度（Temperature）湿度（Humidity）	25	在评分期间，保持时间平均内部相对湿度40%~60%
			湿度（Humidity）	25	保持区域相对湿度低于60%			湿度（Humidity）	20	保持区域相对湿度低于60%			二氧化碳水平（CO₂ Level）	25	在评分期间，将时间平均内部CO₂水平保持在1000ppm以下
								二氧化碳水平（CO₂ Level）	20	将区域CO₂水平保持在1000 ppm以下			PM₂.₅水平（PM₂.₅ Level）	25	保持区域PM₂.₅水平低于35 Ug/m³
								PM₂.₅水平（PM₂.₅ Level）	20	保持区域PM2.5水平低于35 Ug/m³			灯（Lighting）	25	在指定时间，保持所有室内和室外房屋灯亮起
	7	热水（Hot Water）	—	100	在10分钟内以平均45℃的温度输送60升水；比赛周期间的16次抽水	7	电器（Appliances）	冰箱-冷藏（Refrigerator）	10	将冰箱温度保持在1~4℃范围内	7	可再生供暖&冷却（Renewable Heating & Cooling）	空间（Space）	60	在评分期间，将平均内部干球温度保持在22~25℃范围内
								冰箱-冷冻（Freezer）	10	将冷冻温度保持在-30~-15℃范围内					
								洗衣机（Clothes Washer）	16	在比赛周内成功清洗8件衣物（1包=6条洗巾）					

续表

评比类型	第一届（2011—2013年）					第二届（2016—2018年）					第三届（2020—2022年）				
	序号	评比项	子项	分值	评价标准	序号	评比项	子项	分值	评价标准	序号	评比项	子项	分值	评价标准
客观	7	热水（Hot Water）	—	100	在10分钟内以平均45度输送60升水；比赛周期间的16次排水	7	电器（Appliances）	干衣机（Clothes Dryer）	32	在比赛周内将8件衣物恢复到原来的重量（1担=6条浴巾）	7	可再生供暖&冷却（Renewable Heating & Cooling）	空间（Space）	60	在评分期间，将平均内部干球温度保持在22~25℃范围内
								洗碗机（Dishwasher）	17	在比赛周内成功清洗5次装载（1次装载=8个位置设置）			热水（Hot Water）	40	在正常操作下，每个淋浴喷头、盥洗室和厨房水槽水龙头平均水流过500mL水之前，请提供至少40℃的水
								做饭（Cooking）	15	在比赛周内成功执行5项烹饪任务（1项任务=在不到2h内蒸发2kg水）					
	8	电器（Appliances）	冰箱–冷藏（Refrigerator）	10	将冰箱温度保持在1~4℃范围内	8	家庭活动（Home Life）	灯具（Lighting）	25	所有内部和外部在夜间全水平亮起	8	家庭活动（Home Life）	冰箱–冷藏（Refrigerator）	15	将冰箱温度保持在1~4℃范围内
			冰箱–冷冻（Freezer）	10	将冷冻温度保持在-30~-15℃范围内			热水（Hot Water）	50	在比赛周内成功进行16次抽水（1次抽水=在10min内以平均45℃的温度输送60L水）			冰箱–冷冻（Freezer）	15	将冷冻温度保持在-30~-15℃范围内
			洗衣机（Clothes Washer）	20	在比赛周内成功清洗8件衣物（1包=6条浴巾）			家电（Home Electronics）	10	在指定时间内操作电视和电脑			洗衣机（Clothes Washer）	20	在比赛周的几天里，需要清洗两次衣服（1包=6条浴巾）

续表

评比类型	序号	第一届（2011—2013年）				序号	第二届（2016—2018年）				序号	第三届（2020—2022年）			
		评比项	子项	分值	评价标准		评比项	子项	分值	评价标准		评比项	子项	分值	评价标准
客观	8	电器（Appliances）	干衣机（Clothes Dryer）	40	在比赛周内将8件衣物恢复到初始重量（1担=6条浴巾）	8	家庭活动（Home Life）	晚宴（Dinner Party）	10	举办两场晚宴，最多可容纳8位宾客	8	家庭活动（Home Life）	干衣机（Clothes Dryer）	20	在比赛周的几天里，需要烘干2包衣服（1包=6条浴巾）
			洗碗机（Dishwasher）	20	在比赛周内成功清洗6套餐具（1次加载6个位置设置）			电影之夜（Movie Night）	5	接待邻居在家庭影院系统上看电影			晚宴（Dinner Party）	20	举办两场晚宴，最多可容纳8位宾客
			灯具（Lighting）	40	所有内部和外部灯在夜间全水平亮起								电影之夜（Movie Night）	10	接待邻居在家庭影院系统上看电影
			做饭（Cooking）	20	在比赛周内成功执行4项任务（1项任务=在不到2h内蒸发2kg水）								媒体（Media）	25	每个团队应准备一个4~6min的演讲，并由50名媒体代表进行评估
	9	家庭娱乐（Home Entertainment）	晚宴（Dinner Party）	10	举办两次晚宴，最多可容纳8位客人；邻队互相得分	9	通勤（Commuting）	—	100	在不超过1h内驾驶电动汽车40km，在比赛周内驾驶4次	9	互动体验（Interactive Experience）	主题日（Theme Day）	25	每个团队应在团队主题日成功组织主题活动
			家电（Home Electronics）	25	在指定时间内操作电视机和电脑								走进SDC房子（Into SDC House）	25	每支队伍邀请1~2名网络直播观众体验不少于24h。观看次数超过10万的团队将获得满分
			电影之夜（Movie Night）	5	邀请邻居在家庭影院系统上看电影；邻队互相得分								走进SDC社区（Into SDC Community）	25	每个团队应准备一个最长3min的VR演示视频，点赞数达到10万得满分

续表

评比类型	序号	第一届（2011—2013 年）				第二届（2016—2018 年）					第三届（2020—2022 年）				
		评比项	子项	分值	评价标准	序号	评比项	子项	分值	评价标准	序号	评比项	子项	分值	评价标准
客观	10	能源平衡（Energy Balance）	—	100	产生的电能（kWh）至少与比赛周消耗的电量（kWh）一样多	10	能源（Energy）	能源平衡（Energy Balance）	80	产生的电能（kWh）至少比赛周消耗的电量（kWh）一样多	10	能源自给自足（Energy Self-sufficiency）	净零排放（Net Zero）	50	产生的电能（kWh）至少与比赛周消耗的电量（kWh）一样多
								发电量（Generating Capacity）	20	每单位光伏面积尽可能多产生的电能（kWh/m²）			离网（Off Grid）	50	为了表现出弹性，每个房屋应有能力在日历规定的时间内表内至少两天（48h）内保持房屋的正常功能运作。正常功能至少包括舒适的室内环境、冷却保护系统、冰箱、冰柜、6.4 中要求的足够照明电路，以及网络直播客人所需的 Into SDC 房屋体验，包括一顿晚餐

第2章
利用空间原型设计
提升建筑性能

  "原型"（Archetype），意为"原始模型"，是"最初的形式"，可用这个概念来指事物的理念本源。任何事物的发展都是一个有规律可循的演变过程，其内容的置换取决于每个发展阶段所特有的价值观标准。这样，在历史的长河中就可以通过某些基本的原型而串联起来，构成有机的统一体，从中可清楚地解析出演变过程中变与不变的规律现象，以及不同时代所表现出的结构特征。

  由此可见，在被人为地割裂已久的传统与现代之间建立了对话的平台，"懂得了起源便懂得了本质"这个启蒙时代提出的名言再一次显示出它的魅力。

        ——周若祁《绿色建筑体系与黄土高原基本聚居模式》

2.1 利用空间原型提升性能的目标

历年来的（中国）国际太阳能十项全能竞赛都将"建筑设计"单项放在最首位的位置。虽然历届每个单项的分值有时完全一致，有时略有权重差别，但建筑的本体设计不可否认是其他单项评比的基础。一般性的认识是被动式设计对整个建筑能够起到非常关键的作用，主要原因是在方案的决策和设计阶段，建筑师对其气候适应性的控制，例如布局、朝向、周边环境的利用，以及针对建筑空间的使用效率，空间形式、功能布置，围护体系所采用的材料构造，对自然资源如自然光、风、水资源的利用等被动式的技术策略，能够回避很多可能带来的高能耗因素，因此建筑的原型基本上决定了建筑的"可持续"程度。

以第三届（SDC 2022）竞赛为例，在"建筑设计"单项的设计包括如下要求：

"本次竞赛评估建筑设计的概念连贯性、整体实施质量、新技术集成以及提供卓越美学和功能的能力，并给出针对特定场地的建议。建筑师评审团通过审查团队的图纸、建筑规范、现场答辩和建筑漫游，并对建筑原型进行现场评估，为设计打分。

设计：

· 团队如何制定建筑战略以回应联合国可持续发展目标？

· 团队如何利用一个整体清晰概念或想法，指导建筑设计生成？

· 团队在房屋和景观的整体美学设计方面表现如何？

· 设计如何有效、巧妙地在原型房屋中整合新建筑材料和新技术？

· 设计在多大程度上考虑或促进了预期居住者健康生活的独特性或创新价值？

实施：

· 建筑设计和工程外观的整体质量如何？

· 该项目在选择主要结构形式和建筑围护结构方面表现如何？

· 空间布局在多大程度上考虑了功能性、与户外的联系和空间的有效利用？

· 设计在多大程度上通过室内细节（包括装饰、装修、照明等）展示了高质量的设计？

系统：

· 团队在多大程度上考虑了原型建筑的外围护结构和主动舒适系统，以在永久性场址全年维持居住者的舒适，包括但不限于：空气温度、湿度、表面温度、温度不对称和分层？

·空间调节系统在建筑结构系统中的集成程度如何？照明系统和自然光设计在能效和布局合理性方面表现如何？"

清华大学宋晔皓教授指出"被动式设计策略的研究和应用是建筑师在绿色建筑创作中发挥重要作用的固有领域"。"如果建筑设计理念能够契合可持续和绿色建筑的需求，建筑师就可以在绿色建筑设计和创作中发挥关键性作用"。匈牙利建筑师维克多·奥戈雅（Victor Olgyay）从生物气候学的角度分析被动式低能耗建筑的特点，经过微气候调节和建筑结构调节，可大幅度减小环境温度对建筑室内环境温度的影响。而微气候调节和建筑结构调节都属于建筑原型设计的范畴，包含于被动式设计的策略之中。依照此模型，我们便可推理出，好的被动式建筑设计可达到节约近50%的运行能耗。[①] 但是，忽略被动式设计的建筑，就很有可能需要全依靠系统设备调控室内温度，建筑运行能耗也会大幅增加。因此，低碳排放建筑的空间原型设计是建筑早期决策阶段的关键，而气候要素则是决定空间原型的主导因素之一。

2.2　环境与环境适应性

《现代汉语字典》（第7版）中对"环""境"二字的解释分别为："环"指围绕，如环绕、环球，与研究对象的主体相关联；"境"指地方、区域，指具有空间展延性的事物；二字连在一起，"环境"意为"周围的地方、周围的情况和条件"。《辞海》对"环境"一词的解释为："围绕着人群的空间及其中可以直接、间接影响人类生活和发展的各种自然因素和社会因素的总体"。广义的"环境"概念包含的范围很广，既包括围绕事物周围，如大气、水、土壤、植物等自然物的物质因素，也包括不可见的观念、制度、准则等社会因素，既包括生命体形式，也包括非生命体形式。环境是一个相对的概念，对于不同的主体，环境的大小、范围、内容则各不相同。

建筑中的环境主要是群体或单体中所包含的自然环境和社会环境，前者包括气候、地质、植被、水体等自然因素的总和；后者包括经过人工改造后的各种物质和非物质成果的总和以及影响使用者的心理、生理因素。

---

① 资料根据 Victor Olgyay（*Design with Climate*）与万丽、吴恩融"可持续建筑评估体系中的被动式低能耗建筑设计评估"[建筑学报, 2012（10）：13-16 ）] 整理。

可持续性设计概念[①]中所包含的环境因素[②]包括但不限制于最大限度地保障建筑使用者的安全、健康和舒适性，即有机的建筑环境、有效的建筑使用功能、高舒适度的建筑室内温度、高品位的室内空气质量和声学质量、高效能的室内采光（包括自然采光和人工照明，在大多数情况下为自然采光和人工照明的完美结合）以及安全健康的室内建筑材料、装修材料、家具和使用设备等。

2.2.1 建筑外部环境特征

建筑室外环境的要素包括：大气压力、风、气温、天空温度、地面温度、湿度、降水等物理环境因素（图 2-1）。

"大自然为人类提供了阳光、空气和水，以及生存所需的其他必要条件。但自然环境也有其严酷的一面：极地气温有时达零下 40℃，撒哈拉沙漠的某些地区会连续 5 年无降雨"。[③]即使在气候条件温和的内陆地区，室外环境自冬至夏，由冷及热，从白天到黑夜，噪声或安静，均无法长期维持在一个在热、光、声、空气品质等方面均长期满足人类舒适度范围的外部

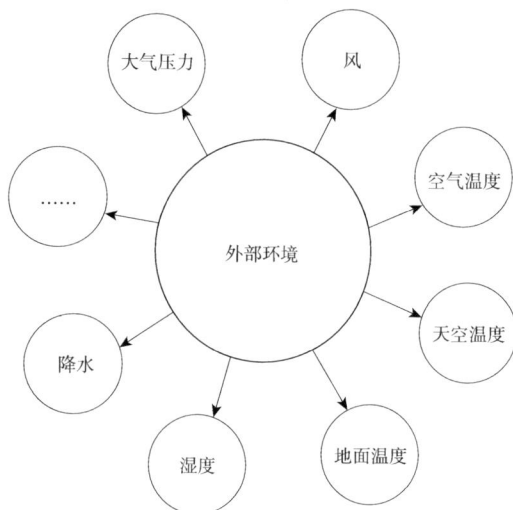

图 2-1 建筑外部环境的气候因素

环境。正因室外环境与人类生存环境需求之间的冲突和矛盾，最初的建筑作为自然环境的"遮蔽物"而存在，满足人类生存和发展的需要。

2.2.2 建筑室内环境特征

人作为恒温动物，要维持正常的工作和生活依赖于一定范围的气候环境限制。在气候环境不能时刻满足的情况下，建筑的产生首先起到了遮阳避雨、挡风保暖的作用。随着人工环境性能的不断优化，建筑师、工程师可以做到室内环境完全脱离与外界自

---

① 可持续性的概念来源于生态学，最初应用于林业和渔业，指的是对于资源的一种管理战略。"可持续发展"在国际文件中最早出现于 1980 年的《世界自然保护大纲》中。真正把可持续发展概念提到国际议程并使这一概念在全世界得到普及的是 1987 年"联合国环境与发展世界委员会"发表的《我们共同的未来》。该书对"可持续发展"提出了正式的概念："既满足当代人的需求，又不对代人满足其需要的能力构成危害的发展"。这个概念里包含了可持续发展的公平性原则、持续性原则、共同性原则。1992 年，在巴西里约热内卢举行的联合国环境与发展大会上提出了《21 世纪议程》，可持续发展被广泛接受并成为总体战略。

② 环境的可持续性即指保持生态系统的完整性，提高环境资源的承载能力，增强生物多样性，提高空气和水的质量，保护自然资源，减少废弃物和利用可再生资源。

③ 引自清华大学秦佑国教授《建筑物理环境》课件第一讲，P8.

然气候的关联，任何不适宜甚至是恶劣的气候环境，都可以通过主动式设备，例如空调系统、降噪系统、除湿系统等达到舒适的室内物理环境指标。但与此同时，却无情地阻断了人与自然的联系，不同程度地阻隔人对温暖阳光、自由空气、柔和清风、美好景色的生理、心理需求。人工所创造的舒适环境并不意味着健康，近年来出现的病态建筑综合征（Sick Building Syndrome，SBS）致使在建筑中工作和生活的人们频繁出现呼吸系统、神经系统、免疫系统以及皮肤组织等亚健康问题，直接威胁到人们的健康生活和工作效率。产生的原因则主要是由于建筑创造的"遮蔽所"割断了人工环境与自然环境的联系，打破了人的自然生存发展规律，这一点非常值得建筑学、室内环境学等各学科的共同关注。

清华大学秦佑国先生指出："如何在'遮蔽'与'阻隔'这对矛盾中求取平衡，是人类如何建筑'遮蔽所'的重要考虑，而发展技术措施来解决这个矛盾是推动建筑发展的动力"。[①]

2.3　具有气候调节能力的空间原型

早期的"中介"在建筑中还是一个模糊的概念，是在现代建筑发展至20世纪60年代，西方建筑领域对一元的、单一的建筑现象展开的反思，文丘里在《建筑的复杂性与矛盾性》中呼吁建筑向多元化方向发展，反对建筑空间"非黑即白"的态度，提倡两者兼有而非两者兼有其一。作为后现代主义理论的先锋，文丘里倡导建筑的折中妥协，"彼此兼顾"而非"非此即彼"。在随后的现代建筑发展历程中，日本新陈代谢派建筑师黑川纪章[②]和荷兰结构主义建筑学派建筑师阿尔多·凡·艾克（Aldo van Eyck），将"中介空间"发展成为建筑理论，即在融合与缓冲"相互对立矛盾之中插入第三种空间"元素的先驱。

阿尔多·凡·艾克在20世纪60年代提出，就像人在自然中呼吸一样，吸入空气后呼出，无法做到只吸入不呼出或者只呼出不吸入，建筑也同样如此，开敞和封闭的空间都需要与环境之间物质交换，"吸入"并"呼出"自然空气。中介空间具有亦此亦彼的模糊性，也具有多义的包容性，作为外部空间和内部空间的"媒介"，使对象两端相互渗透、融合。中介空间介于外部空间和内部空间之间，是兼顾极端两者之间的创造，联系关系链的两端，并缓冲彼此的对立性。

---

① 引自清华大学秦佑国教授《建筑物理环境》课件第一讲，P20~21.
② 日本新陈代谢派建筑师黑川纪章的"中间领域"理念和"灰空间"理论详见第2章内容。

空间是建筑原型设计的核心。被动式策略在建筑空间设计层面上的反映，主要体现在空间布局策略对整个建筑与环境给予的调整和平衡。本书将此类介于外部的自然环境与内部的人工环境之间、能够进行能量传输的空间类型统称为中介空间[①]，它属于建筑空间调节策略中的一种。

2.4　可调控的空间原型——中介空间

中介空间介于建筑外部环境与建筑室内环境之间，是外部环境和室内环境的联系体。外部空间具有自然性、无约束性、周期变化性、不以人的意志为转移等特性，而相较之下，室内的人造空间环境则与之相反，通过人为的创造，可以做到具有人工性、可控性、稳定性并长期满足使用者舒适度需求的特性（图 2-2）。建筑中介空间的作用则是将两个对立或是不联系、不相关的现象或者事物，通过中间环节使二者产生联系，其本质体现出"整合设计"的理念。

中介空间是与自然接触最为密切，并与建筑主体空间直接相连的空间，能够利用天然能源（如风能、太阳能、雨水）和自然环境，调节室内微气候环境，是提高室内

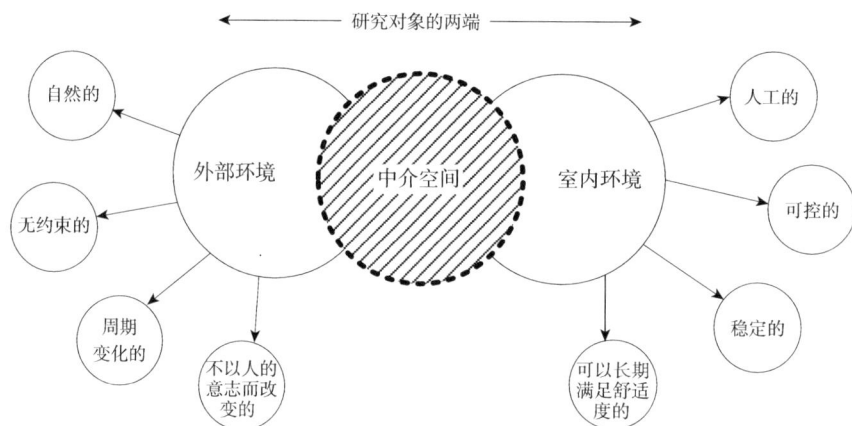

图 2-2　研究对象的两端：中介空间是兼顾内部和外部的创造

---

①　"中介"可被解释为："在不同事物或同一事物内部对立两极之间起居间联系作用的环节。对立的两极通过中介连成一体。中介因对立面的斗争向两极分化，导致统一体的破裂。"中介现象在自然界中具有普遍性，在生活、美学、科学中均存在联系不同要素，建立不同范围间接联系，处于对立的两者之间的中间环节。中介的亦此亦彼的特性——模糊性，体现出事物对立统一的辩证关系，与事物的复杂性相伴相生，并且具有客观存在的必然性。"中介"之于建筑，体现在对空间的认识过程，"中介空间"是建筑空间的一类，是整体建筑中的一个部分。

环境品质的室内、半室外及室外空间，如庭院、中庭、通风井、采光井、双层表皮空间等。

中介空间属于开放空间，它可以是公共的也可以是私密的，这类空间的存在往往也是地域气候、历史文脉、心理需求、精神寄托的产物，合理设计的中介空间有利于缓解人在建筑中的不愉悦、不满意之感，促进人与自然、人与人的沟通。

中介空间属于非主体功能性空间，其功能具有灵活可变的特质，满足建筑在时间和空间上的发展需求；也通常作为主要的功能组织空间联系室内各个主体空间，影响建筑整体的功能布局。

2.4.1　中介空间应具有的特性

1. 体现为有机的建筑设计观

"有机"是指"整体与部分之间和谐辩证的关系，也指诸如生、死、生长等自然过程"。

美国现代主义建筑师路易斯·沙利文（Louis Sullivan）认为艺术的创造过程，应追随自然的进程和节奏，这个过程是有生命的、充满生机的、连贯的、合理的，并且在整个创作过程中贯穿始终。他在建筑设计的思想上认为建筑是有生命意志的，建筑应同大自然一样通过结构和装饰显示其艺术之美。现代主义建筑大师弗兰克·劳埃德·赖特（Frank Lloyd Wright）受到路易斯·沙利文的影响颇深，他在世人熟悉的"有机建筑"（Organic Architecture）理论中认为房屋应当像植物，是"地面上一个基本的和谐要素，从属于自然环境，从地里生长出来"。赖特十分欣赏中国的老子哲学，其核心即"道法自然"。他认为建筑应该具有类似生命的体征，具有活态的结构，其目标在于各个结构和各个部分在形式和本质上具有整体性。对于所有具有生命体征的生物体来讲，有机是活态的一种表征，而无机或者无组织的事物则是不活的。

英国建筑理论家戴维·皮尔逊（David Pearson）在《新有机建筑》一书中，提出"活着的有机建筑"（Living Organic Architecture）。文中阐述了现实中"活生生"的有机建筑，汇总了来自15个国家的30位建筑师用自己的话语表达他们的设计思想与设计方法。法布里奇奥·卡罗拉（Fabrizio Carola）的设计中体现着"为人而建"的建筑思想，他认为认识任何类型建筑的出发点，"建筑不是为了建筑师，而是为了生活和工作在其中的人而建造的"。格里高利·伯吉斯（Gregory Burgess）将建筑比拟成为"有意识的建筑"（Conscious Architecture），建筑进入创造性过程的神秘领域，就是一种哲学层面的万物创造。建筑应如同生命一般连续地变形和生长，是生与死的轮回，也是对立与矛盾之间的转化。葡萄牙建筑师维特·鲁洛·福特（Vitor Ruivo Forte）认为"空间的本质是抽象的，它不能被定义或分类为表面或区域。为了将空间转化为一个活力动态的生物体或者一个可持续的建筑，就必须赋予它节奏、力量和动力，此外还有光亮，才能构成它的灵魂"①。

2. 与生动相对应，体现为建筑的动态调节机制

建筑的动态调节又可分为三种类型。第一类是相对于气候变化和建筑环境之间的动态平衡。与气候相适应的动态调节是一种类生物体的"应激"反应，在建筑中被称为"应变建筑"，其本质体现为"因变而变"的动态应变观。建筑中的可变调节即是利用各个具有可调节特性的构成要素，实现随气候环境的改变而改变性质或者状态的策略手段。例如调节动态的界面表皮，改变室内物理环境品质从而创造宜人舒适的室内微气候环境。第二类是与使用者的使用习惯相适应的动态调节。使用者对建筑的需求是动态变化的过程，个体性的差异以及需求的差异需要建筑具有多样性与可变性，通过界面开合形成良好的室内环境舒适度，或通过改变空间形态、容积或者功能，调整空间对需求的适应性。第三类是与建筑全寿命周期中使用功能相对应的动态调节。建筑在时间维度上的动态调节，应随着时间的推移跨越建筑的整个生命周期，是一个具有长期的、持续的调节机制。建筑的调节变化过程是预先设计的结果，故需从近期、中期、远期，有针对性地进行综合因素的考虑。对待远期的或不确定变化的因素，最初预设的建筑设计不可能一步到位，但必须留有调配或者改变的余地，因此强调建筑能够随时间的变化而变化的动态调节机能。

综上所述，具有被动调节作用的中介空间特征具备有机组织和动态复合两种特性属性。此类空间具有空间基本属性中适用价值、观赏价值和生态价值的多重属性。其有机性体现在空间与整体建筑之间的有机联系、具备自然生长的生命力以及与自然环境相协调的有机共生。动态性体现在此类空间对气候的动态适应性、与使用者使用习惯相适应的动态变化以及在全生命周期中使用功能的动态调节能力。

2.4.2 中介空间包含的类型范畴

中介空间的种类按照其形态和位置的类型属性归类，分为室外开放的"院落空间"，封闭或半封闭的室内"中庭空间"，封闭或半封闭的室内"井道空间"和半开放的室内"界面空间"四类。

"院落空间"包括围合庭院、半围合庭院、架空空间、室外平台等。

"中庭空间"包括单向中庭、双向中庭、三向中庭、四向中庭等。

"井道空间"包括导风墙、拔风楼梯间、地道风井、通风塔、采光井等。

---

① 原文如下：Space is an abstract entity. It cannot be defined and characterized by surfaces or area. In order for space to be transformed into a living vibrating body or sustainable edifice it must be given expression through rhythm，force，and dynamism，and it must be gifted with light which will then constitute its soul.

"界面空间"包括双层皮空腔（双层表皮及双层屋顶）、阳光间、门斗空间等。

按照空间的三层属性，将四类空间所具有的属性与之对应，四类调节空间均具有两种或多种的复合性（图2-3）。

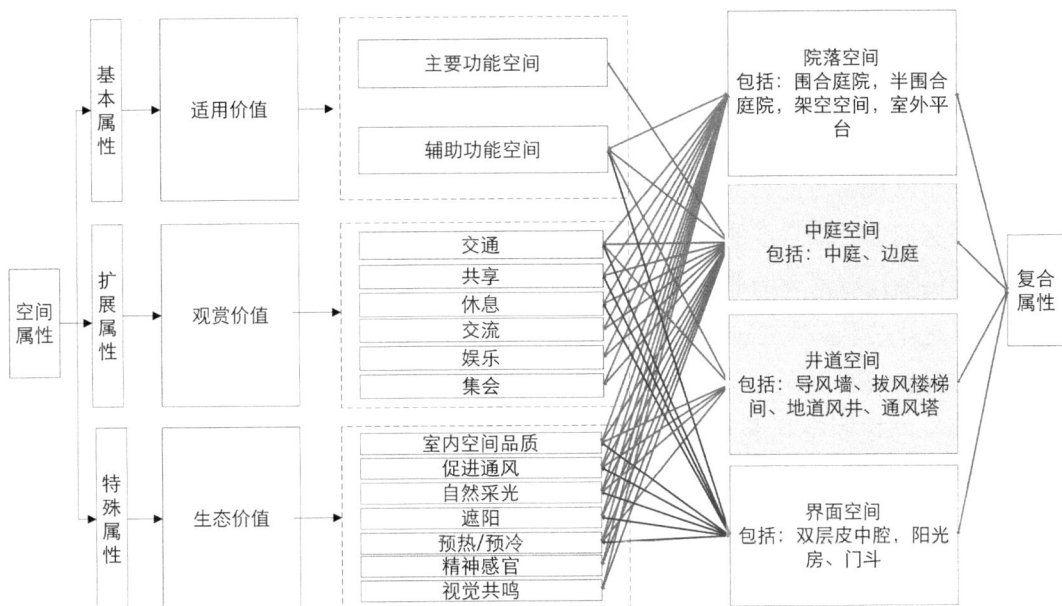

图 2-3　建筑的空间属性与中介空间的属性归类

2.5　中介空间的类型及作用探索

研究按照空间在建筑中的位置和尺度的类型属性归类，将空间类型分为较大尺度：能够提供使用者活动的室外或半室外"院落空间"；较大尺度：能够提供使用者活动的室内"中庭空间"；较小尺度的室内"井道空间"和较小尺度的室内"界面空间"四类（表2-1）。

大型公共建筑中四种中介空间类型属性比较　　　　　　　　　　　表 2-1

空间类型	空间尺度	提供使用者活动	位置	空间类型
院落空间	较大	是	室外、半室外	公共空间
中庭空间	较大	是	室内	公共空间
井道空间	较小	否	室内	公共空间
界面空间	较小	否	室内、半室外	公共空间 / 私密空间

2.5.1 "院落空间"

院落空间的形态广泛存在于现代建筑中,并结合新需求、技术、观念呈现出多样化的趋势。这种空间的形式已经超越了时代的限制,而作为一种有效的空间符号具有广泛的适用性。大型公共建筑由于其体量大、流线多、功能复杂,院落空间是通常采用的空间组织方式之一。受到能源和环境危机的影响,大型公共建筑中的院落空间更需要从其比例、功能、舒适、节能、可持续设计的交织中取得平衡,而不仅满足功能的使用需求。

区别于欧洲常见的公共广场及内广场,本书讨论的院落空间尺度更小,为建筑主体空间服务而非公众集会的场所;也不同于中国南方建筑中的天井空间,院落尺度较大,能够供使用者活动而非单纯的采光或者通风的通道。与中庭空间的区别在于,院落空间属室外或半室外空间,与自然光、空气直接连通。

1. 院落空间类型

院落空间按照空间形态来分,可以分为围合式院落和半围合式院落。围合的庭院为"封闭"的界面属性,以方形、三角形、圆形为主;半围合式的庭院分为"半封闭半开敞""开敞"两种界面属性,以U形、L形、Ⅱ形、异形几种形态为主。院落空间按照垂直方向的标高关系,可以分为水平式($L : H > 1$)、垂直式($L : H < 1$)、嵌入式(有顶)、下沉式(地下)、空中花园(屋顶层庭院、中间层庭院)、底层架空和综合群落等类型。在大型公共建筑中,常见的院落空间类型和形态如表2-2所示。

大型公共建筑中常见的院落空间类型及形态特征 表2-2

类型	方形	U形	L形	Ⅱ形	异形
水平式					
垂直式					
嵌入式					

续表

类型	方形	U形	L形	Ⅱ形	异形
下沉式	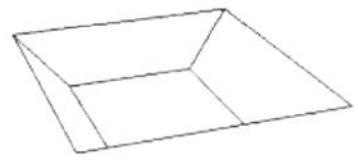	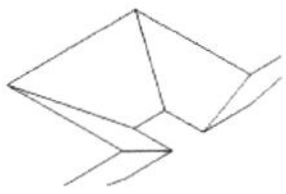	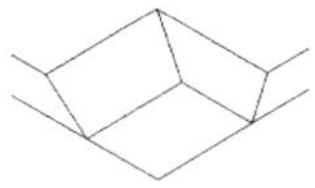	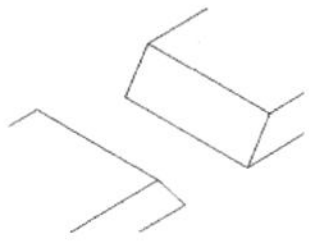	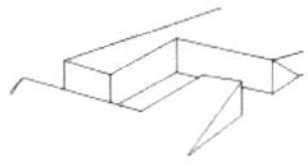
空中花园	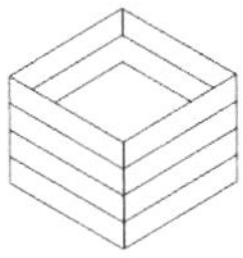	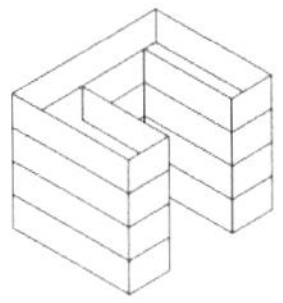	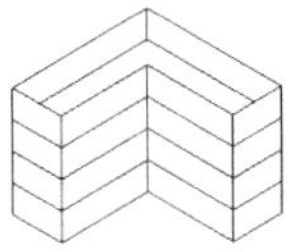	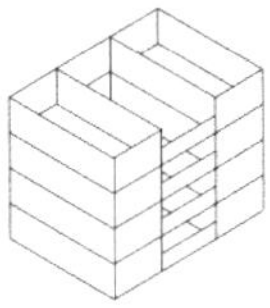	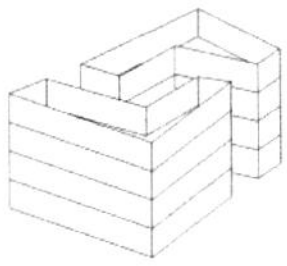
中间架空层	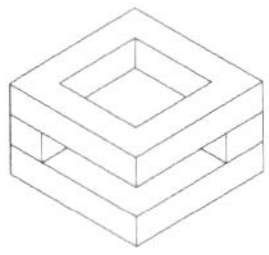	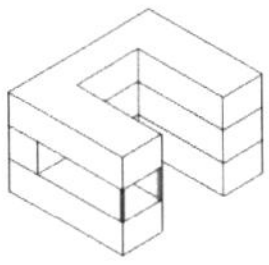	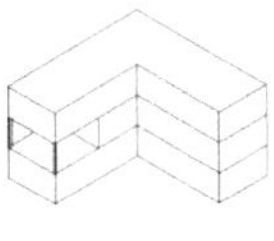	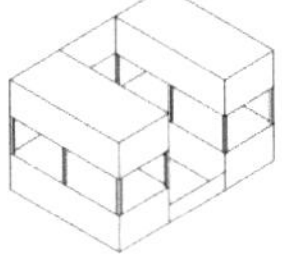	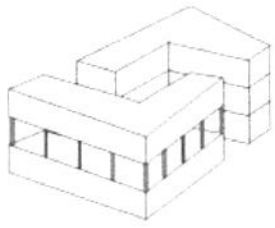
底层架空	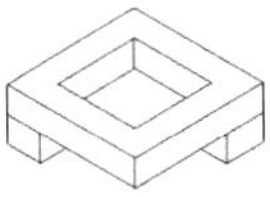	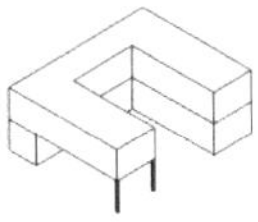	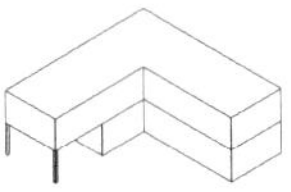		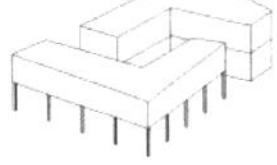
群落式		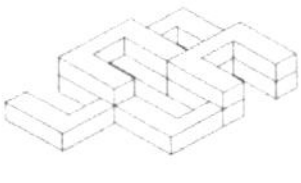	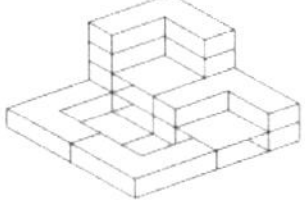	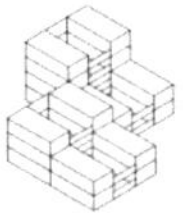	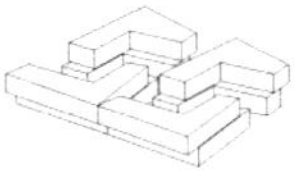

2. 院落空间中的元素

院落空间中的自然元素包括：土、木（植物）、水、阳光、空气（风）、声音（表2-3）。院落中的人工元素包括：廊、亭/棚、座椅、墙、步道、台地。利用院落空间的空间调节策略通过人工要素的合理建造，引入并借助自然元素创造舒适、宜人、节能的室内外环境。①

院落空间中人工元素与自然元素作用产生的空间调节策略　　　　表2-3

自然元素	人工元素					
	廊	亭/棚	座椅	墙	步道	台地
土	凉廊：地下廊道，促进通风，遮阳降温	洞室：遮阳降温	土质座椅：丰富景观，舒适降温	挡土墙：围护，降温	地下步道：促进通风，遮阳降温 冷巷：促进通风，遮阳降温	草地：降温，丰富景观，净化空气

---

① 笔者通过汇总《庭园与气候》一书中各项庭园的调节作用，再将其人工属性和自然属性一一对应于表中。

自然元素	人工元素					
	廊	亭/棚	座椅	墙	步道	台地
木（植物）	凉廊：植物遮阳	凉亭：植物遮阳	座椅遮阳：植物遮阳	遮阳墙：植物遮阳墙	林荫路：景观，植物遮阳	树林、树丛：降温遮阳，净化空气
水	凉廊：水汽降温	凉亭：水汽降温	凉爽的座椅：水汽降温	动水：瀑布或垂直水幕达到降温效果，丰富景观	湿步道：水汽降温	水池、喷泉：丰富景观，水汽降温
阳光	暖廊：预热空间；缓冲廊：遮阳	暖亭，阳光间：预热空间；缓冲空间：遮阳	热座椅：蓄热座椅	遮阳墙：遮阳；景观墙：视线阻挡，丰富景观	温暖的步道：步道材质蓄热辐射热量，丰富景观	晒台、阳光台地：接受阳光照射
空气（风）	缓冲廊：过滤空气，促进通风	凉棚，缓冲空间：过滤空气，促进通风	凉爽的座椅：利于通风的座椅，人体降温	挡风墙：阻挡寒风；导风墙：通风降温	狭窄的通道：促进通风，遮阳降温	活动场：丰富景观，过滤空气
声音	缓冲廊：隔声	缓冲空间：隔声	无	隔声墙：阻隔噪声和污染	巷道：具有一定的隔声作用	开敞空间：阻隔噪声

2.5.2 "中庭空间"

中庭建筑作为一种建筑形式相对于传统的现代建筑有很多优势。一方面中庭建筑将建筑内外空间相联系，不单单为使用者提供了使用上的便利还有心理上的慰藉。通过将自然光和新鲜空气引入室内，中庭建筑营造了比传统建筑更大更有效的空间，同时由于将自然光和外部环境引入建筑，中庭空间拥有更加宜人的工作环境。虽然中庭的生态效应早在古代就被人所知，然而直到现代中庭出现的 20 世纪 70 年代，中庭的生态设计一直都停留在过往工程经验的总结和建筑师的主观判断上。对中庭生态效应定量的分析始于 20 世纪 70 年代末，在风洞试验逐渐成熟后，有建筑师将中庭建筑的模型放入风洞或者类似设施进行风热效应的模拟。80 年代末期开始，各国政府的建筑生态节能标准愈加严格。住宅建筑的设计上只要注意墙体的保温性能则可以大大改善其建筑能耗，但是中庭建筑多出现在大型公共建筑当中，对其中庭空间围护的保温性能要求过高则会极大影响建筑造型同时也会影响建筑功能。因此人们发现需要对中庭空间进行合理定位，它不应该是个全年恒温的空调空间，而是一个夏天热一些、冬天冷一些的自然缓冲空间。这样的设计理念可以大大降低中庭能耗，同时最大限度发挥中庭空间对建筑内环境的气候调节功能。90 年代以后至今，伴随着新建筑材料和设备的出现，中庭建筑有了长足的发展，被动式太阳能利用、自然通风、伴随着季节变化的可变式设计等等在中庭内被广泛应用。一些在中庭中发挥生态节能效应的物理原理如温室效应、烟囱效应也在被更多地定量研究。特别值得注意的是，90 年代后计算机模拟技术的迅猛发展使得设计更加生态的中庭建筑成为可能。之前的很多中庭设计由于测试条件和经验的限制出现了很多负面效应，在冬天被用来给建筑加温的温室效应到了夏天却使得室内酷热难耐，而有的通风设计又在冬天把中庭变得寒风刺骨。要排除这些负面效应往往需要很长的设计周期和预算。当计算机模拟技术应用到生态设计之后，设计师们可以通过计算机模拟来定量地对他们的中庭建筑进行生态改进，对中庭空间的室内环境设计起到了一定的改善作用。

1. 中庭空间的类型

中庭空间的类型比较多样，按照中庭空间与主体空间的关系，可以总结为以下五种类型：单向中庭，双向中庭，三向中庭，四向中庭和线性中庭。

由于大型公共建筑体量大，通常情况下形体复杂，有时是以群落的状态存在，因此除了基本的五种类型之外，还可再归纳出四种衍生中庭形态：链接式（多个主体空间围绕一个或几个中庭组织功能）、水平复合式（多个中庭平行并列排列在一个较大的建筑体量中）、垂直复合式（多个中庭垂直分布在建筑的不同高度中）、环绕式（中庭空间环绕部分建筑主体空间）（表2-4）。

大型公共建筑中常见的中庭空间类型及实例　　　　　　　　表2-4

		平面图	轴测图	实例1	实例2
基本类型	单向中庭			温哥华法院	哥伦布市欧文银行改建
	双向中庭			剑桥历史图书馆	加利福尼亚州Monolithe理财大厦
	三向中庭			联合国难民署总部	布伦市政大楼

		平面图	轴测图	实例1	实例2
基本类型	四向中庭			加利福尼亚州林肯广场	IMF 华盛顿总部大楼
	线性中庭			曼彻斯特大学图灵楼	艾斯大学办公楼
衍生类型	链接式			多伦多伊顿中心	多伦多皇家银行
	水平复合式			伍斯特市图书馆历史中心	乌克兰卫生防护中心
	垂直复合式			MAX 大厦	法兰克福银行

		平面图	轴测图	实例 1	实例 2
衍生类型	环绕式			大英博物馆	洛杉矶好运旅馆

2. 中庭空间中的元素

中庭空间中的自然元素包括：土、木（植物）、水、阳光、空气（风）、声音。

中庭中的人工元素包括表皮（围护结构）、空间（包括空间形态和内置物）两个部分，从物质实体上来看，中庭中的建造元素包括：顶棚、幕墙、楼板、墙、景观设施、内部功能空间等。

中庭空间的空间调节策略同时在建筑运行能耗和建筑空间品质方面起着至关重要的作用，因此影响建筑可持续性能的元素。一方面涉及人工要素的合理配置，即借助自然元素创造舒适、宜人、节能的室内外环境，另一方面涉及中庭空间的使用效率，即中庭空间功能、尺度配置的合理程度以及使用者在空间中主观体验的满意程度。

3. 中庭空间的被动调节作用类型

中庭空间的调节作用是自然元素和人工元素综合作用的结果（表 2-5），此外其调节作用还体现在建筑空间环境的营造方面，根据中庭空间存在的价值属性归类（表 2-6），我们可以总结出中庭空间调节能力的不同方面。

中庭空间中人工元素与自然元素作用产生的空间调节策略　　　　　表 2-5

自然元素	人工元素	
	表皮（围护结构）	空间（空间形态及内置物）
土	覆土建筑：利用土壤使围护结构降温或蓄热	地下建筑：利用土壤的蓄热能力包裹建筑空间
木（植物）	植物遮阳：净化空气，夏季遮阳	室内花园：利用植物、景观小品净化室内空气，营造多样生态系统并优化室内环境品质
水	水墙：水汽蒸发降温或利用水的热惰性提高围护结构的保温隔热性能	水体景观：水汽蒸发降温，丰富室内景观环境
阳光	天窗：促进自然采光和热压通风；围护结构的材料：增强围护结构的保温隔热性能；窗墙比：促进自然采光	温室效应：利用太阳辐射热量加热室内空间，提高冬季室内温度；气候缓冲：防止过剩的阳光辐射对室内热环境的影响；气井效应：综合利用热压和风压促进建筑内部自然通风

续表

自然元素	人工元素	
	表皮（围护结构）	空间（空间形态及内置物）
空气（风）	开窗率、窗墙比及窗户位置：促进风压通风； 围护结构气密性：减少热渗透损失； 围护结构材质：过滤空气污染物	烟囱效应：利用空间垂直高度的温度差促进自然通风； 气候缓冲：防止室外剧烈气候变化如雨水、风暴、高温及低温气体对室内空间环境的影响
声音	吸声材料隔声：减少室外噪声环境污染	空间隔声：减少室外噪声环境污染

中庭空间的价值属性　　　　　　　　　　　表 2-6

属性层	价值层	作用层
基本属性	实用价值	主要功能空间、辅助功能空间
扩展属性	观赏价值	交通、共享、休息、交流、娱乐、集会等
特殊属性	生态价值	室内空间品质、促进通风、自然采光、遮阳、预热、预冷、精神感官、视觉共鸣等

2.5.3 "井道空间"

古代罗马人就会利用"井道空间"创造更加舒适的居住环境，地下廊道就是非常好的创造，是古代罗马的一种空气冷却系统。文艺复兴时期的建筑师发展了这种空间，地下廊道不仅在夏日提供穿越园林的通道，同时也为与其相连的建筑送去凉气。地下廊道通过开口的方向和空间形态设计，利用地下空间形态加快空气流动从而获得一种简单的空气调节系统并获得循环的新鲜空气。在罗马建筑里，有时这种空间会形成地下走廊的网络结构，被用作使用者在住宅里走动的通道（图 2-4）。

中国传统的"井式空间"源于中国"阴性文化"[①]影响下的建筑空间形态。"井空间"源于"穴"，人们先学会挖穴，然后才知道掘井。穴分为两种：横穴和竖穴。横

图 2-4　降温设计的地下廊道
资料来源：奇普·沙利文，《庭园与气候》。

① 《老子》傅奕本《道德经·古本篇》里"冲"作"盅"，《说文皿部》："盅，器虚也。"其实是以"虚器"（中空的器皿）象"虚"，并与"盈"（满，实）相对来图解："空间"的本质在于"虚器"如"渊"，容纳万物。"丘陵为牡，溪谷为牝"，用雄雌两性生殖官牝象形阳性空间和阴性空间，中西建筑空间性态，恰巧分别属之。体现"阴性文化"的中国建筑空间原型，最先出现的是"穴"；由此而后派生的则是"井"。"井空间"是典型的阴性文化建筑现象之一。引自：陈纲伦."阴性文化"与中国传统建筑"井空间"[J]. 华中建筑，1999，17（01）：21-28.

穴的原形一直保留下来，延续到近代成为黄土地带民间常见的"窑洞"。竖穴原形也同样保留下来，形体上加以扩大，形成了"内井式"与"外井式"两种"井空间"的原形。所谓"外井式"系"井底"在户（室）外，如"坑井""天井"；倘若"井底"在室（厅）内，则为"内井式"，它是"外井式"空间形态的发展。井的空间形态受到地域气候的影响，例如皖南天井中的"四水归堂"则说明的是传统天井空间与自然中雨水、阳光之间的关系；南方天井一般狭长高深，且横向布置以减少日晒；北方天井窄长，纵向布置，主要应对北方风沙大、雨雪少、西晒酷烈的气候环境。不论南方北方，传统建筑中天井的意义则在于汇聚"天水"、"藏风聚气"。从建筑物理的角度来讲，天井的作用则是采光、通风、御风、汇聚雨水。

现代建筑中常借用这种古老的空间调节策略来提高建筑的环境表现性能，并在原有的基础上，根据现代建筑的形式和功能有了新的发展。主要体现在建筑与气候环境的利用和防御关系中。在湿热或干热的气候环境下，井道空间利用烟囱效应以促进夜间通风，降低围护结构表面温度，从而减少夏季夜间制冷能耗，或是通过土壤的蓄热隔热能力，降低地下管道内的空气温度，将冷空气引入室内。在寒冷地区，井道空间一方面提供室内环境必要的自然采光，另一方面防止风沙侵袭并汇聚雨水。

1. 井道空间的类型

井道空间按照井道体和井道端口与地面的位置关系可以分为垂直式、水平式和结合垂直和水平的复合式三种。垂直式的井道空间较为多见，空间形式包括风塔、采光井、捕风窗、拔风楼梯、导风墙等形式。水平式包括地下廊道、地道风井、水平通风腔等形式（表2-7）。

井道空间类型及实例 表2-7

空间类型		空间形态	实例1	实例2
垂直式	风塔		伊拉克巴格达传统房屋的风塔	英国议会大厦
	采光井		日本北九州市立大学国际环境工学部办公楼	美国华盛顿市中心建筑

续表

空间类型		空间形态	实例 1	实例 2
垂直式	捕风窗		 印度海得拉巴的捕风窗	 英国德蒙福特大学皇后大楼
	拔风楼梯		 日本仙台媒体中心	 英国诺丁汉大学朱比利校区
	导风墙		 中国凉山捕风墙	 中国清华大学建筑设计研究院
水平式	地下廊道		 罗马蒂沃利·哈德良别墅	 中国北京市动物园水禽馆
	地道风井		 英国诺丁汉大学 BASF	 中国上海自然博物馆新馆

续表

空间类型		空间形态	实例1	实例2
水平式	水平腔		美国麻省理工学院学生宿舍	中国西交利物浦大学行政信息楼
复合式	通风腔		伊朗亚兹德市多莱特阿巴德花园	德国法兰克福汉莎航空中心

2. 井道空间中的元素

井道空间中的自然元素包括土、木（植物）、水、阳光、空气（风）、声音。

井道空间按照井道体和井道口与地面的位置关系分为垂直式的井道空间和水平式的井道空间，其人工元素（井道体和井道口）与自然元素的关系对建筑所起到的调节作用如表2-8所示：

井道空间中人工元素与自然元素作用产生的空间调节策略　　　表2-8

自然元素	人工元素	
	垂直井空间	水平井空间
土	垂直地道：利用土壤隔热蓄热能力，夏季避暑降温； 地源热泵井：利用土壤恒定温度，将冷却的空气运送到室内	地下廊道、洞（穴）：利用土壤隔热蓄热能力，夏季避暑降温； 地下送风盘管：利用土壤恒定温度，将冷却的空气运送到室内
木（植物）	天井种植：净化空气，景观优化	植物种植：净化空气，景观优化
水	蓄水池：雨水收集	蓄水池：景观优化，水汽降温
阳光	采光井：促进自然采光； 热压通风：阳光照射井顶引起空间垂直高度的温度差，促进自然通风	洞（穴）：空间遮阳，避免阳光直射
空气（风）	烟囱效应：利用空间垂直高度的温度差促进自然通风； 气井效应：综合利用热压和风压导风作用	风压通风：利用水平井洞口形成"穿堂风"
声音	空间隔声：减少室外噪声环境污染	

2.5.4 "界面空间"

界面空间有两种气候调节特性：气候防御和气候利用。气候防御体现出辅助功能空间的"缓冲区"策略；气候利用体现出建筑表皮与空间共同作用下的动态调节性能。

建筑设计中，有些空间由于使用性质要求不高（如储藏），或使用时对温度没有严格的要求（如交通空间），或者只有在一天的某个特定的时间内有温度的要求，那么这些房间往往可以作为环境与温控房间之间的热缓冲区。不仅是热环境，建筑使用功能的配置中那些辅助性的空间都可以通过合理的设计，作为与主体使用空间之间的光、声、空气的缓冲空间。

界面空间可以说是建筑缓冲空间最为直观的一种空间形态。利用次要的辅助空间将建筑主体或者核心功能区块包裹起来，减少其受到不利自然因素的可能。在气候炎热的亚利桑那州的菲尼克斯，弗兰克·劳埃德·赖特在 Rose Pauson 住宅中就利用了界面空间的设计方法，将建筑中未装玻璃的交通空间和储藏室作为缓冲区，保护起居室免受下午阳光的照射。我国北方地区的传统民居，将仓储等辅助空间设置在建筑北侧，利用建筑空间阻隔冬季寒冷的北风对卧室的侵袭，这种方法在我国冀北地区的住宅中非常常见，不受建筑材质的限制，在土坯、砖、混凝土等建筑中都起到非常好的效果。

界面空间一方面起到了气候防御的缓冲作用，避免建筑主体空间受到不利气候因素的影响；另一方面，界面空间还可以利用气候，通过空间形态利用气候环境的积极因素，创造更加舒适的室内环境，并节约建筑运行期间的能耗。罗马人曾经创造"Speculari"的原始温室，特殊的格架结构支撑半透明的云母片，提供冬季的围护。暖房的设计是温带气候区的人们因帮助柑橘植株越冬而创造出的最早利用太阳能的空间。通过大面积的玻璃围合以接受充足的阳光，利用温室效应调节室内温度。借用暖房利用太阳能的策略，阳光间是被动式太阳能采暖中最为广为人知的一种，也是应用范围最广泛的一种，既有缓冲空间的供热性能，又有直接和间接的被动式太阳能供热系统的特性。

在我国南方的重庆武隆地区的农宅中，通常有双层屋面的做法。为了充分利用建筑的净高，当地人在屋顶下增设一层阁楼用于堆放粮食和杂物，阁楼在夏季起到了"隔热层"的作用，一方面避免太阳辐射直接照射屋面而传递的大量热量，另一方面，通透的阁楼架空在屋面下部形成了"通风层"，利用空气流动带走积聚在阁楼层的热空气。

依靠材料和的技术发展，现代建筑中出现了双层皮幕墙、"房中房"等空间形态，这些空间形态具有兼具气候防御和气候利用的复合特性，被高效地利用在建筑当中，节约运行期间的能源消耗。

1. 界面空间的类型

界面空间按照界面在平面中与各个建筑立面的位置关系，以平面为方形为例，把建筑简化为与环境接触的六面体，可以分为垂直式的南向界面空间、东西向界面空间、北向界面空间和水平式顶部界面空间、底部界面空间，以及兼有垂直和水平的混合式（表2-9）。

界面空间类型及实例　　　　　　　　　　　　　　　　　表2-9

类型		作用	形态	实例
垂直式	于东、西侧	遮阳、利用烟囱效应促进自然通风		 赖特设计：Rose Pauson 住宅
	于南侧	利用阳光预热空间		 柏林 Solarhaus Lutzowstrasse
	于北侧	利用辅助空间防止冬季寒风		 清华大学 O-house 实验住宅
水平式	于顶层	遮阳、利用风压促进自然通风		 深圳建科院大楼
	于底层	防潮、利用风压促进自然通风		
混合式	于各个界面	以上皆有		 藤本壮介设计：N 住宅

2. 界面空间中的元素

界面空间中的自然元素包括土、木（植物）、水、阳光、空气（风）、声音。

界面空间在整个建筑中的不同位置决定了该空间对自然元素的利用方式。按照建筑界面的六个表面与地面的关系，分为垂直式和水平式。人工元素与自然元素的关系对建筑所起到的调节作用如表 2-10 所示。

界面空间中人工元素与自然元素作用产生的空间调节策略　　　表 2-10

自然元素	人工元素	
	垂直式（界面空间位于建筑四周立面）	水平式（界面空间位于屋顶层或底层）
土	下沉空间：防晒降温，形成通风廊道并避免阳光直射	地下、半地下夹层：地面防潮，通风，通行或兼用车库、储藏
木（植物）	植物遮阳：防晒降温，净化空气； 暖房：植物种植	植物遮阳：防晒降温，净化空气
水	水墙：利用水体优良的蓄热能力加强围护结构的蓄热性能	屋顶蓄水池：利用水蓄热能力防止屋顶过热，夜间通风降温
阳光	阳光间：利用太阳辐射热量预热空间空气，送入室内； 特伦布墙：利用太阳辐射热量预热空间空气，送入室内	双层屋顶：防止阳光直射屋顶导致室内过热
空气（风）	双层皮幕墙（呼吸式幕墙）：促进通风、保温隔热，预热空气 特伦布墙：促进通风、保温隔热，预热空气； 门斗：气温缓冲； 空间防护：利用辅助空间布局保护建筑核心空间抵御寒风	双层屋顶：促进夏季夜间通风降温； 地下、半地下夹层：促进夏季夜间通风降温
声音	空间隔声：减少室外噪声环境污染	

3. 界面空间的被动调节作用类型

界面空间的调节作用是自然元素和人工元素综合作用的结果。此外，根据界面空间存在的价值属性归类（表 2-11），可以总结出界面空间的调节能力。

界面空间的价值属性　　　表 2-11

属性层	价值层	作用层
基本属性	适用价值	辅助功能空间
扩展属性	观赏价值	交通、共享、休息、交流等
特殊属性	生态价值	室内空间品质、促进通风、自然采光、遮阳、预热等

2.6　零能耗住宅的界面空间原型设计策略实例：O-house

借助国际太阳能十项全能竞赛的平台，清华大学团队经过对零能耗住宅的市场潜力、设计方法、技术策略进行跟踪论证。O-house 项目是清华大学太阳能团队 2013 年的参赛作品，是一栋以零能耗为设计目标的太阳能实验住宅，是一次根植现状、面向未来的创新实践。

2.6.1　模块化设计应对中国住宅市场

1. 应对城市老化问题的解决途径

随着城市建设的不断发展，大量的城市建筑尤其是住宅建筑将面临快速老化和适时更新的问题，其类型包含两个方面：其一是由于缺乏对旧城的有机保护和更新，传统居住建筑亟须维护，同时居住在旧城中的居民为改善居住条件，在有限条件下自行增建的厨房、卫生间等临时建筑，破坏了旧城风貌；其二是经过几十年城市居住建筑的大规模快速建设，住宅建筑的技术及品质标准逐步提高，大批住宅在达到设计寿命前就已经面临抗震加固、节能改造、设备更新等迫切的更新改造问题。问题与机遇并存，更新与建设同步，采用合理的城市更新模式结合可持续的技术措施，是逐步解决城市老龄化的途径。

新旧城市的更新可通过标准化模块的插入，逐步更新城市，应对城市发展问题。改造方式可根据实际需求，采用标准化模块方法插入城市老旧街区，整合原先无序建造的辅助功能，模块的设备系统利用可再生能源，实现城市的可持续发展。模块部品预制生产，改造迅速，具有较强的适应性。此外，针对中国住宅市场即将面对的多、中、高层住宅老龄化的问题，一方面通过技术手段实现建筑结构更新，另一方面通过设备模块实现建筑的系统更新，并在建筑的空间品质上，结合建筑屋顶扩展居住品质。

2. 分层级的模块化应对方法

模块化设计包含四个层级（图2-5），从产品模块、部品模块、基本模块原型到住宅体系逐层扩展。基本模块原型包含设备基本模块和空间扩展模块两种模块。两种模块原型的尺寸均符合中国高速公路的运输尺寸。A、B、C三个部品模块组成的设备基本模块，包含太阳能光热、光电系统以及整个建筑用电控制或用水控制系统，室内集成家具等。D、E两个部品模块组成空间扩展模块，可以根据用户的需求定制内部的

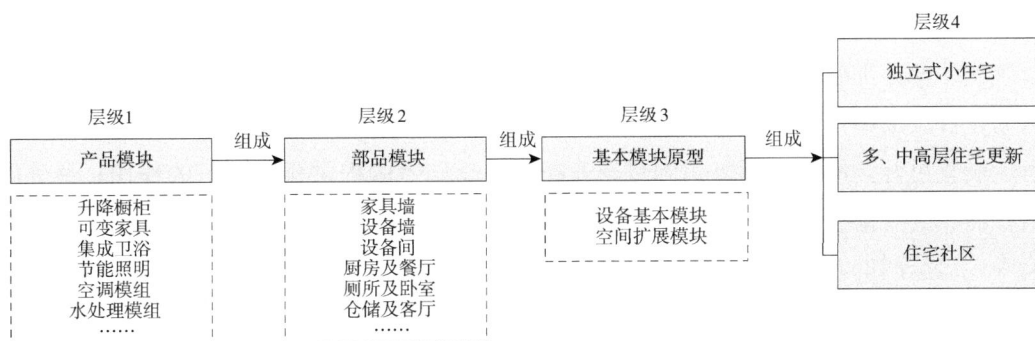

图2-5　标准模块组成层级

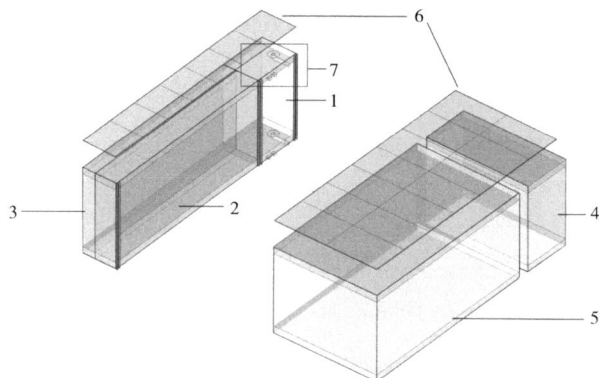

1. A 模块；2. B 模块；3. C 模块；4. D 模块；5. E 模块；6. 太阳能光电光热系统；7. 快速拼接体系

图 2-6 标准模块组成部分

功能空间。可能包含的空间如厕所与卧室模块、厨房与餐厅模块、仓储与客厅模块等（图 2-6）。由两个基本模块原型进一步扩展，衍生成为目标市场所对应的独立式小住宅、多中高层住宅更新甚至太阳能住宅社区。模块组合自由并建造迅速，附着的系统设备能够依靠太阳能系统独立运行。此外，模块之间采用快速连接，操作简便，从而适应不同市场需求的个性化定制。

2.6.2 节能为目标导向的主动及被动式策略

1. 三重空间：平面布局的被动式节能策略

零能耗住宅需要达到"开源"与"节流"的双重目标。合理的平面布局对于减少建筑运行期间的能耗，有着重大的影响。对于一个住宅来讲，需要尽可能使与人使用相关度最高的空间达到最优的物理环境，这部分空间包括卧室、客厅和餐厅，而后是储藏空间、厨房和厕所。O-house 的平面布局是将核心的、舒适度要求最高的空间保护在整个空间的最中间，从内至外采用三层嵌套空间，逐步将核心部分层层包裹，故而核心空间的微环境由内至外逐渐过渡，不但提高室内舒适度，而且利用被动式策略节约使用过程中的能耗负荷。

O-house 平面布局的被动式策略的具体做法为：将厨房、厕所和储藏空间放置在建筑的北侧，加强建筑抵抗冬季北风的能力。在建筑的东侧和西侧设置设备墙和家具墙的复合集成墙体，加大墙体的厚度以保证建筑免受东西两侧太阳辐射的影响。建筑南侧设置可开闭的阳光间，起到夏季遮阳、冬季向室内提供预热空气的作用。最外层围合而成的院落空间，利用水池、植被、渗透地面调整建筑周围的局部小气候，并在院墙入口空间的东侧和北侧设置自动喷淋的降温系统。至此，院落—过渡空间—使用核心空间的三重嵌套关系，层层空间过渡，将建筑夏季的空调负荷尽可能降到最低，最终达到"节流"的目的（图 2-7～图 2-11）。

2.围护结构做法

影响建筑冷热负荷的建筑材料导热系数如下：

建筑南侧两侧门窗采用"4层Low-E双真空中空玻璃5mm/42mm"，导热系数为0.48W/（m²·K），遮阳系数为0.443；

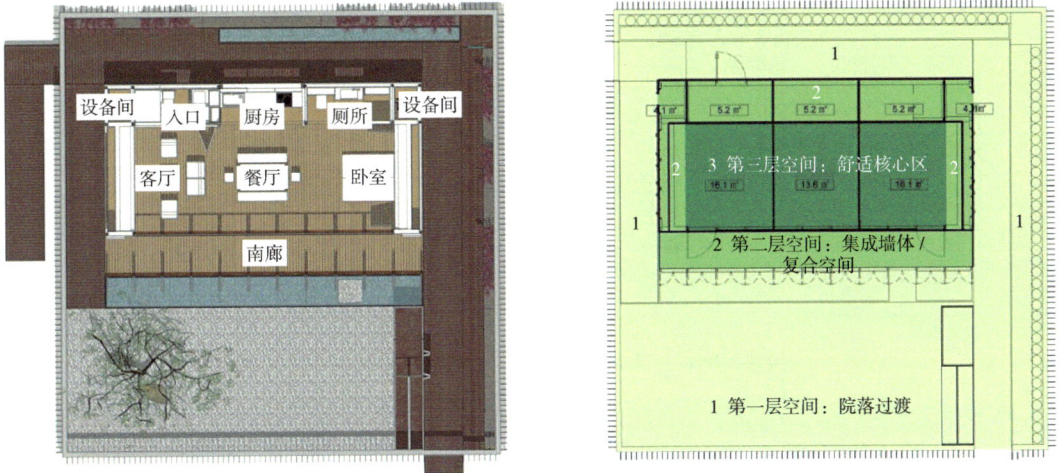

图2-7　三重空间的被动式节能策略

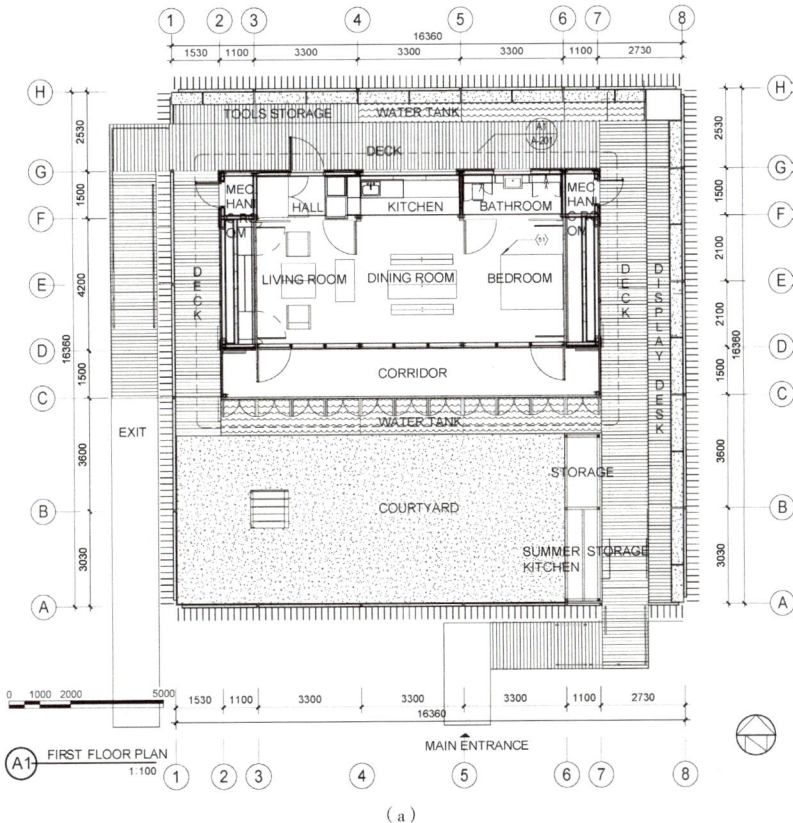

（a）

图2-8　O-house总平面图

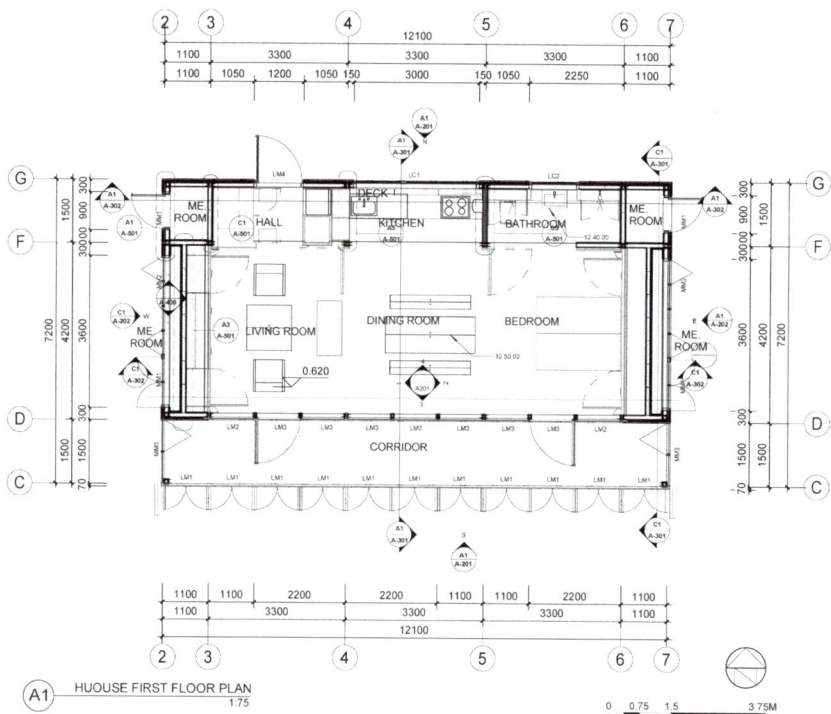

（b）

图 2-9　O-house 一层平面图

（a）正立面

图 2-10　O-house 室外照片

（b）庭院

（c）走廊

图2-10 O-house 室外照片（续）

（d）景观廊

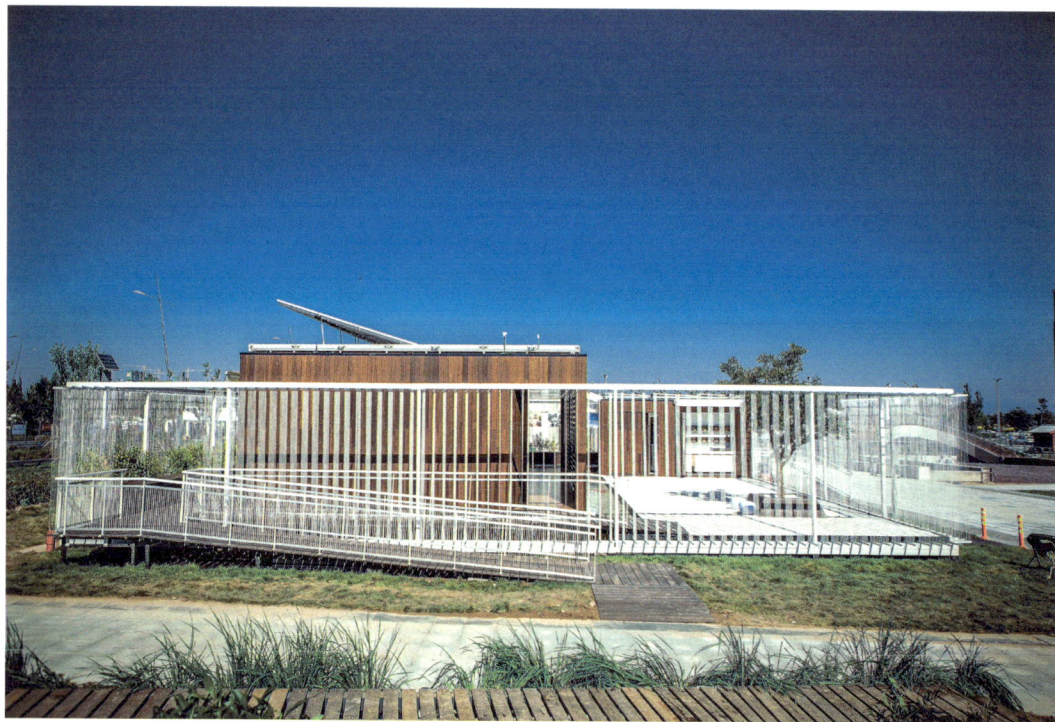

（e）西立面

图 2-10　O-house 室外照片（续）

（a）

（b）

图2-11　O-house室内照片

（c）

（d）

图2-11　O-house室内照片（续）

（e）

图 2-11 O-house 室内照片（续）

墙体材料采用 80mm 厚岩棉 +HIP 超薄真空保温板双层保温，整个墙体的导热系数为 0.2W/（m² · K）；

屋面材料采用 130mm 厚岩棉 +HIP 超薄真空保温板双层保温，整个屋面的导热系数为 0.1W/（m² · K）（表 2-12）。

建筑南侧半透明光电百叶可根据太阳高度角调节发电效率，并可根据夏天和冬天不同的室内温度和通风需求进行开关调节。

O-house 基本参数信息　　　　　　　　　　表 2-12

O-house 零能耗住宅	
所处气候分区	寒冷地区
建成时间	2013 年
周围环境	雕塑园内，绿地环绕
建筑面积	74.9m²
建筑层数	1 层
建筑结构体系	钢结构
中介空间类型	阳光间
围护体系构造做法及参数	· 南侧两侧门窗采用"四层 Low-E 双真空中空玻璃 5mm/42mm"，导热系数为 0.48W/（m² · K）遮阳系数为 0.443； · 墙体材料采用 80mm 厚岩棉 +HIP 超薄真空保温板双层保温，整个墙体的导热系数为 0.2W/（m² · K）； · 屋顶材料采用 130mm 厚岩棉 +HIP 超薄真空保温板双层保温，整个屋顶的导热系数为 0.1W/（m² · K）

续表

O-house 零能耗住宅	
其他技术策略	光电：70m² 太阳能光电板，光电装机容量：11.5kW；薄膜光电板； 光热：太阳能光热系统； 空调系统：水源热泵（cop=6）+ 空气源热泵； 水处理：MBR 膜生物反应器作为中水处理技术

2.6.3 性能监测：阳光间的被动式调节

为了验证中介空间（阳光间）在全年时间周期内的作用效果，测试自 2013 年 12 月底至 2015 年 1 月结束，历时 1 年，分四个阶段。测试四个建筑在冬季、过渡季、夏季工况下典型中介空间与其相邻主体空间的温度、湿度、气流速度、风温、CO_2 浓度值、光环境及室内舒适度，研究室内环境品质（IEQ）中热环境、光环境及室内空气品质的影响（表 2-13）。

O-house 运行测试信息   表 2-13

测试平台 \ 测试时间	2013 年 12 月 - 2014 年 1 月	2014 年 4-5 月	2014 年 6-7 月	2014 年 12 月 - 2015 年 1 月
	冬季工况	过渡季工况	夏季工况	冬季工况（补充）
O-house	温度	温湿度、PMV（空气温湿、风速、黑球辐射温度、舒适度评价）	温湿度、PMV（空气温湿、风速、黑球辐射温度、舒适度评价）、光照度	温湿度、PMV（空气温湿、风速、黑球辐射温度、舒适度评价）、光照度

1. 测试仪器

除照度计外，测试选用的仪器均带有自记功能，可长期记录被测环境参数以排除不稳定因素干扰。测试点高度选择使用者的工作高度，即地面以上 0.7~1.5m 范围内，每台仪器的测试间隔均为 2min。室内外温度测量取环境温度值，仪器探头采用通风遮光措施，避免阳光直接照射（表 2-14）。

测试仪器参数   表 2-14

仪器名称	仪器数量	仪器型号	主要指标	测试周期	提供厂家
温湿度自记仪	15	WSZY-1A	温度测量范围：-20~80℃；分辨率：0.1℃； 湿度测量范围：0~100% RH； 分辨率 0.1% RH	连续 1 周 168h	北京天建华仪科技发展有限公司
温度自记仪	6	WZY-1A	测量范围：-20~80℃；分辨率 0.1℃；		
风速仪	4	FB-1	量程：0~10M/S，分辨率 0.01M/S；		
CO_2 自记仪	2	EZY-1	量程：0~5000ppm，±75ppm	连续 54h	
环境自记仪	4	HCZY-1	量程：0~5000ppm，±75ppm		
热舒适度仪（PMV）	2	SSDY-1	测量空气温度、黑球温度、空气风速、空气湿度四参数		
照度计	2	DT-1301	量程：0~5000Lux，分辨率 0.1Lux	< 2h	Reggiani

测点分别布置在建筑南侧玻璃门窗的东门和西门室内、O-house 阳光间中部和室外。测试期间两座建筑门窗关闭，各项主动式系统不运行，无人员活动干预。O-house 阳光间外围护为深色太阳能薄膜光电板，测试期间关闭但不密封。设计之初预想该空间作为缓冲空间，在冬天时起到向室内提供预热空气的作用，夏季提供遮阳，维持室内温度（图 2-12）。

图 2-12　O-house 阳光间建成照片

2. 冬、夏季工况对比

通过冬季工况下的测试对比曲线（图 2-13）可见阳光间受到室外温度波动影响很大，随室外温度的变化而大幅度变化，并且阳光间内测试期间的平均温度仅仅比室外高出 0.9℃，几乎没有起到预想中良好的预热作用，室内温度受到其自身围护结构的保温作用，比室外平均温度高出 1.6℃（表 2-15）。冬季工况下阳光间表现出的性能与设计之初预想的结果大相径庭，究其原因主要是由于设计者虽然有利用阳光间在冬季预热室内作用的基础知识，但是在实际操作中，设计者由于兼顾了南侧立面垂直式光电板的布置需求，光电板深色玻璃阻隔太阳光谱的红外线进入阳光间，使得预热作用无效。此外，光电板百叶的不密闭性以及室内门窗没有配合上下的通风换气装置，是导致该阳光间在冬季工况下既没有加重围护结构的保温性能隔绝冷空气，又没有预热空间温度交换给室内空间的主导诱因。

从夏季工况测试温度曲线的对比来看（图 2-14），阳光间的温度依然随室外温度的波动而大幅波动，虽然最高温度没有超过室外温度，但测试期间空间内的平均温度高出室外 1.2℃，说明阳光间的热环境并没有受益于自身的围护结构，关闭但不气密的南侧遮阳百叶使该空间内遮阳效果与太阳辐射渗透的热量相互抵消，阳光间自身与外界实时热交换，温度保持基本一致。然而，阳光间为建筑的室内空间提供了良好的遮阳作用，从 6 月 5 日的数据来看，室外温度最高值出现在正午 12:26 分，温度达到 38.8℃，阳光间温度达 36.6℃，而此时室内东西两侧门内温度仅分别为 29.2℃和 29.9℃，比室外温度低了近 10℃，室内温度的最高值出现在下午 5 点前后，温度升高至

图 2-13　冬季工况下测试温度曲线对比

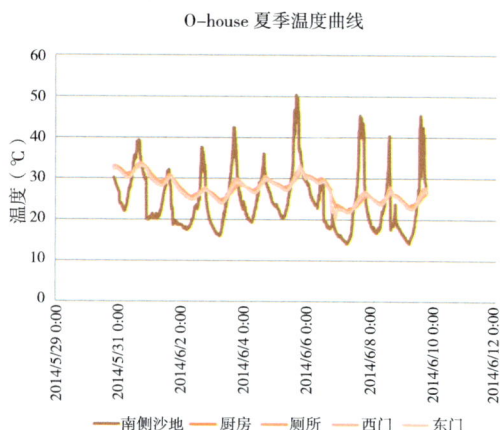

图 2-14　夏季工况下测试温度曲线对比

32.7℃，室内温度的峰值比室外温度峰值出现得明显滞后。室内温度长期保持在较为稳定的范围内，波动幅度随室外温度变化较小。O-house 室内温度的稳定变化 90% 以上受益于南侧阳光间的空间调节策略。结论一方面证明了同样窗墙比的南侧立面，阳光间的缓冲和遮阳效果显著，可减小室内外 10℃ 温差；另一方面也说明即使在北方寒冷地区，大面积无遮阳的南侧幕墙立面在夏天也会增加室内的热负荷，增加建筑的制冷能耗。

冬季工况下各项测试结果的平均温度（单位：℃）　　　　　　　表 2-15

	冬季			夏季		
	$\overline{T}_{室外}$	$\overline{T}_{室内}$	$\overline{T}_{阳光间}$	$\overline{T}_{室外}$	$\overline{T}_{室内}$	$\overline{T}_{阳光间}$
O-house	1.9	3.5	2.8	24.7	27.5	25.9

由此，针对阳光间的对比研究可得出以下总结：

（1）并非存在即有用。与设计之初的预想不同，阳光间玻璃幕墙的颜色、幕墙的气密性、阳光间与室内空间通风换气措施可能导致在冬季工况下阳光间缓冲、预热毫无作用。因此，单纯就阳光间在冬季工况下的作用来看，空间的设计并非"存在"那么简单，而更需要的是空间自身和主体空间多方面的协同作用。

（2）优势需最大化。O-house 是一个典型的例子，阳光间南侧深色百叶幕墙，无气密性的连接不但阻隔室外红外线进入并且维持了良好的自然通风，使室内温度几乎完全受益于这一设计，测试期间最多比室外降低 10℃。遮阳与通风的双重作用使这一缓冲空间在夏季工况下优势得以最大化。

（3）利弊需要权衡。在全年的气候条件下，是发挥冬季"阳光间"预热的作用还是发挥夏季"遮阳通风"的作用，在不同的气候条件下，需要权衡利弊。但二者并非非此即彼，进一步精细化的设计与研究可能实现"双赢"的效果。

（4）重视夏季遮阳作用。即使在北方寒冷地区，大面积无遮阳的南侧幕墙立面在夏天也会增加室内的热负荷，增加建筑的制冷能耗。利用空间的缓冲作用遮阳比单纯的遮阳百叶遮阳效果更佳。

2.7　零能耗住宅中庭的气候调控舱原型设计策略实例：i-yard 2.0

i-yard 2.0 是北京交通大学参加 2018 中国国际太阳能十项全能竞赛的参赛作品，是一座完全依靠太阳能自给自足的零能耗住宅（图 2-15~图 2-17）。面对城市人口、资源、环境的压力以及中国人口结构老龄化的问题，设计的目标市场是面向城市周边新城镇发展的养老健康住宅。作品名称"i-yard 2.0"是 2013 年国际太阳能十项全能竞赛参赛作品的延续。其中"i"代表着作品中"3i"的技术体系，即"工业化"（Industrial）、"定制化"（Individual）、"智慧化"（Intelligent）三个方面；"yard"传达出一种中国传统的生活空间，在多重庭院的空间模式下，享受归田园居、鸡犬相闻的颐养生活。

2.7.1　空间布局：多层次的气候适应性

从建筑原型进行被动式设计不仅强调关注使用者健康、舒适的使用环境，还影响建筑运行期间的能耗。中国传统建筑中，引入自然过渡性的空间形态以院落空间最为典型。通过建筑围合而成的中心院落，例如三合院或四合院，在保证安全、防风、防沙的同时，通过引入花木植物，在庭院中创造舒适宜人的景观环境。受到不同地域的

（a）一层　　　　（b）二层

图 2-15　i-yard 2.0 平面图

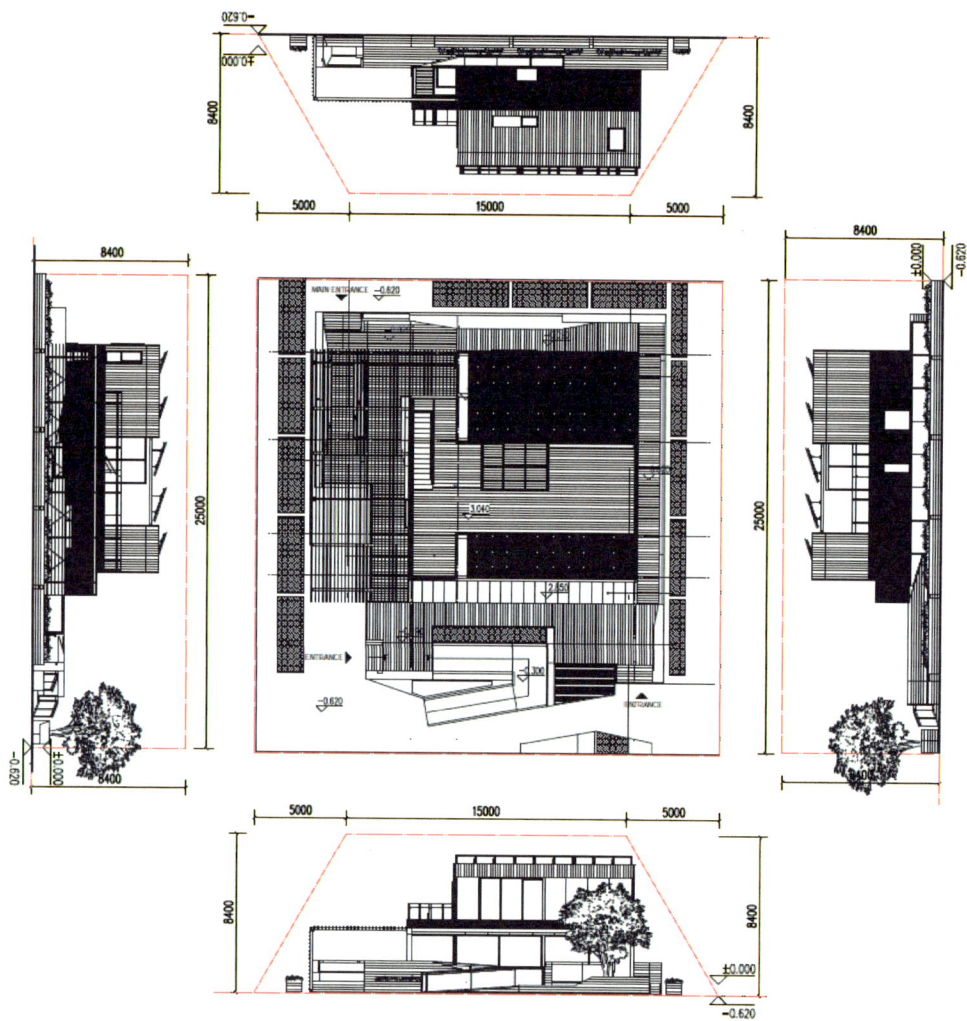

图 2-16   i-yard 2.0 立面图（mm）

图 2-17   i-yard 2.0 室外图

气候影响，建筑群体中庭院的数量、形状、大小与建筑的体形、式样、材料、装饰、色彩相匹配，作为中国建筑群落中的基本空间构成法则，广泛并长期用于宫殿、祠庙、寺观、民居中（图2-18）。我国北方四合院民居的围合院落，不仅是室内环境的过渡空间，将自然环境带入室内，增加室内空间的自然采光并促进自然通风，而且围合的建筑形式抵御北方冬日寒风，防止内部空间的热量损失。

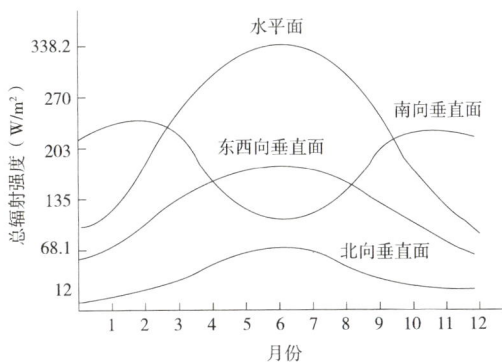

（a）北京四合院 　　　　　　　　（b）四合院各个界面的太阳辐射强度测试

图2-18　中国院落空间的传统智慧

印度建筑师查尔斯·柯里亚（Charls Correa）在印度艾哈迈达巴德的帕里克哈（Parekh）住宅中，在建筑的两个区域中使用了相互平行但分不同气候区使用的"冬季区"和"夏季区"，对应"冬季剖面"和"夏季剖面"。"冬季区"只在冬季和夏季夜间使用，庭院充分利用白天的阳光采暖。"夏季区"夹在"冬季区"和"服务核"之间，庭院减少了暴露在阳光下的面积，避开夏季炎热的天气并利用高出建筑的风塔促进热压通风，降低夏季室内空气的温度（图2-19）。

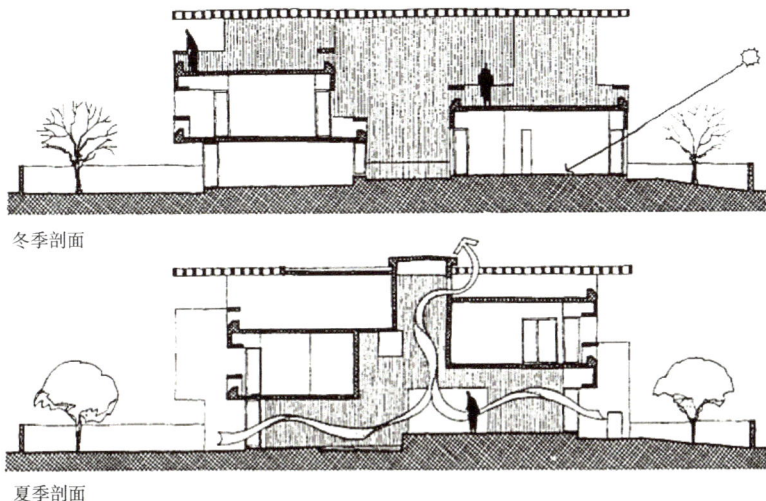

图2-19　帕里克哈住宅的"冬季剖面"和"夏季剖面"

资料来源：G. Z. 布朗，马克·德凯，《太阳辐射·风·自然光——建筑设计策略》。

为了从建筑原型的角度提高建筑的舒适度和使用者的健康程度，i-yard 2.0 在建筑的空间布局上，以微气候调节和微环境引入作为主要的设计策略。通过合理的空间布局，将自然元素引入室内，创造回归田园的乡村生活感受。此外，建筑原型出发的气候适应性设计，是建筑对当地气候环境的响应，使建筑能够充分利用当地的气候条件，动态调节并适应气候变化，达到舒适、节能的作用。

1. 三进空间布局

i-yard 2.0 是一座 160m²，适用于中国北方的两层独立式养老住宅。内部空间包含客厅、餐厅、厨房、三个卧室和两个卫生间。空间布局上，将最需要阳光的客厅、主卧室、书房依次放在建筑的南侧，形成一条带状的"生活区"；将中庭等辅助空间放在中部，起到微气候调节的作用；将餐厅、厨房放在建筑的北侧，形成另一条带状的"服务区"。一方面可以借用中庭带来的阳光和空气调整舒适度，另一方面通过最北侧的设备间、楼梯等服务空间阻隔冬季寒冷的北风。这样的空间布局，既有利于老年人在生活空间上对阳光的需要，又能够提高建筑的保温隔热能力，减少运行期间的能源消耗（图 2-20）。

2. 绿核：结合被动式气候调节作用的升降中庭

庭院是 i-yard 2.0 设计的重点。包含了两种类型的庭院，一是内置的庭院，即中庭的绿核；二是外置的景观廊架空间。建筑中庭的尺寸为 2.4m×3.2m，中庭的平台通过机械装置，借用汽车停车系统的机械原理并加以改造，能够实现电动升降的上下运动，为老年人提供了一个可以无障碍去往二层空间的"升降楼板"。

中庭平台由两层钢化玻璃内嵌 32mm 气凝胶颗粒填充的楼板，具有良好的保温、隔热以及透光的性能。根据季节和时间特征，通过改变可移动楼板在竖直方向的位置，调节中庭内的太阳辐射得热和散热的能力，从而改变中庭内部的热环境，进而形

（a）剖面关系

图 2-20 三进空间的绿色引入

成室内外空间的缓冲区，调节室内光热环境，最大限度地满足人体舒适的要求并降低运行期间的能耗。冬季白天，将楼板降至中庭底部，使中庭充分接受太阳辐射，利用自然采光提高中庭的照度，并利用温室效应充分吸收太阳辐射热量，增加中庭的温度；冬季夜晚，将楼板升至中庭中部（与二层楼板齐平），具有保温能力的楼板转化为建筑屋面，减少热量散失，并储存热量，维持中庭内的热环境。夏季白天，将楼板抬升至中庭中部（与二层楼板齐平），集成楼板具有遮阳设计，遮挡过剩太阳辐射热量，防止中庭过热。夏季夜晚，将楼板下降至中庭底部，中庭的通高空间形成"烟囱效应"，借助中庭顶部的开窗形成热压通风，以获得良好的被动式降温效果（图2-21~图2-23）。

图2-20　三进空间的绿色引入（续）

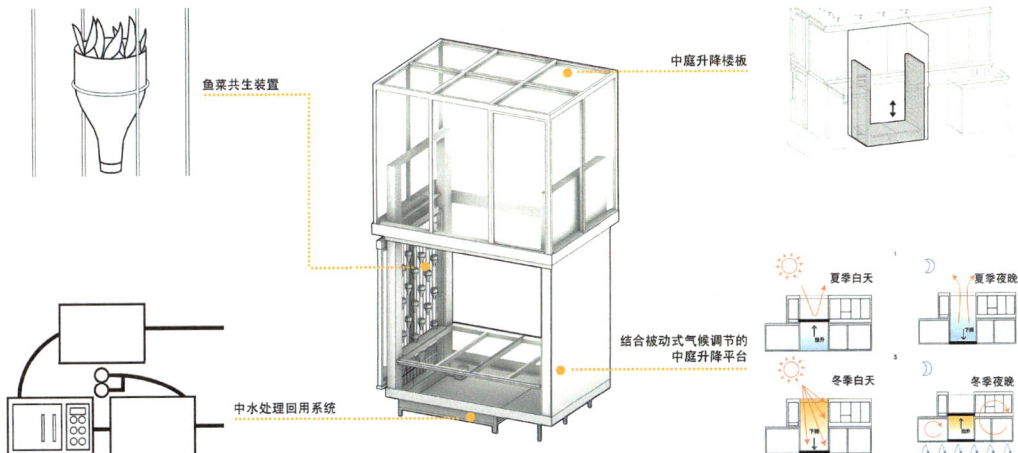

3. 景观廊架：灰空间置入

场地由南侧进入，但建筑的入口设在了建筑体块的北侧。一方面从空间布局上最大限度地利用南侧阳光提供给室内的空间；另一方面，借用西侧的景观廊架，在建筑入口处置入灰空间，丰富室外的庭院景观。位于西侧的廊架空间结合垂直种植，丰富了老年人的颐养生活，让老年人适度参与农耕种植，满足回归自然、鸡犬相闻的

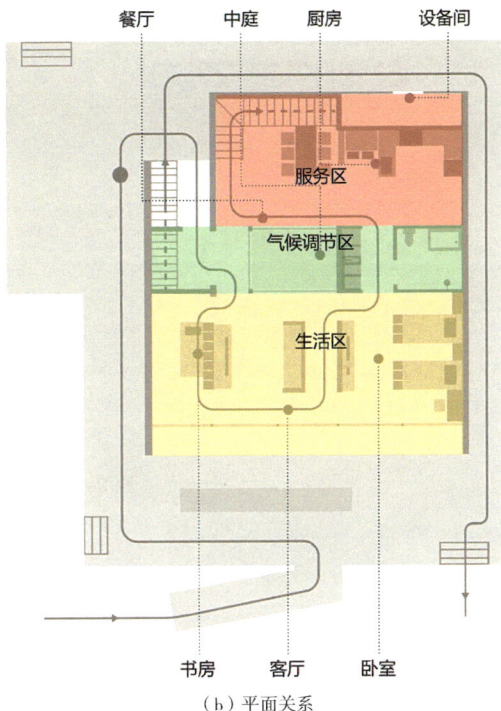

图2-21　结合被动式气候调节作用的升降中庭

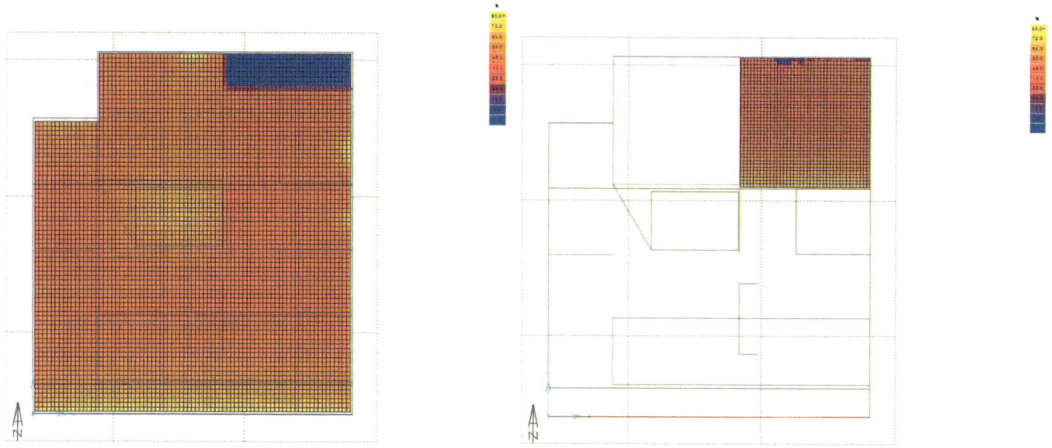

图 2-22　中庭的光环境调节作用

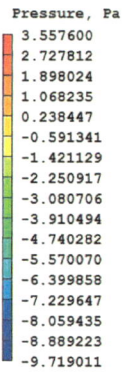

（a）冬季风环境模拟

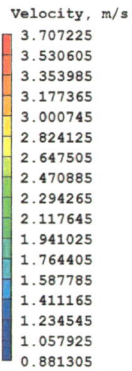

（b）夏季风环境模拟

图 2-23　建筑表面风环境模拟

需求。植物绿化起到了一定的空气过滤的作用，将更健康、更舒适的空气带入室内（图2-24）。此外，西侧灰空间的置入有效阻止了夏季西侧强烈的太阳辐射，降低了建筑西侧的得热量，提高室内舒适度并降低能耗（图2-25）。

图2-24 建筑西侧的景观廊架（效果图）

图2-25 建筑西侧的景观廊架（实景照片）

2.7.2 细节设计：人文关怀的适老化设计

1. 适老化空间布局

为了方便老年人在家中的无障碍通行，包括行走、轮椅甚至是担架，i-yard 2.0 在空间布局方面采用了三个"回游动线"，分别围绕着中庭和两个集成家具，通行尺寸为1.2m，保证必要的宽度（图2-26）。

2. 适老化家具

适老化家具主要包括两个大类，一类是老年关怀的细节设计。例如厨房空间设计成为"C"形布局，使老年人不用挪步，仅通过转身就可以碰触到洗、切、炒的操作

图 2-26　适老化设计："回游动线"

台面。此外，操作台面的尺寸和高度也便于老年人在轮椅上完成操作。厨房吊柜里面设置了可以向下伸拉的拉篮，便于老年人在低矮处触手可及收纳物品（图 2-27a）。为了避免建筑室内空间脱离生活化，避免产生如同医院般的感受，在"回游动线"的各条路线上，i-yard 2.0 考虑到了无障碍"执手"的"隐形"设计。将执手嵌入家具，形成的一体化设计，让室内空间更加体现出人性化的关怀细节（图 2-27b）。老年人在夜间起夜频繁，可能会影响到对方的夜间休息，因此设计采用了养老分体床的设计，并且将卫生间设计在最为靠近卧室的位置，避免夜间起夜的不便（图 2-27c）。

　　第二类是适应于老年人生活需求的可变家具设计。例如建筑一层的书房空间可变化为保姆间，利于对老年人夜间的监护。与之对应的是集成家具中的可变书桌，通过拉伸可以变化为一个单人床供临时使用。又如可变的升降餐桌，是结合梯下的榻榻米空间，在子女归家时人数扩展到 8 人时，榻榻米中部的平台可以升高为一个餐桌，与餐厅的餐桌连通，扩展餐桌的面积（图 2-27d）。此外，二层的空间主要是为了给子女归家后提供的场所。平日子女不在时，集成家具将通过地面的导轨推动至紧贴墙壁，扩大的空间适用于老年人喝茶、聊天、打牌。而当子女归家后，集成家具模块将推至空间中部，位于墙面上的翻折床放下，结合集成家具里面的折叠书桌，可以形成灵活可变的卧室、书房空间（图 2-27e）。

2.7.3　回归田园：营造环境共生系统

1. 景观互动

　　回归田园的生活需要在视觉、触觉、味觉、听觉、嗅觉的各个方面带给老年人与自然环境的互动。i-yard 2.0 在建筑的南立面大胆采用了大面积气密性良好的提升推拉门窗，为老年人的视线提供良好的景观视野，在视觉上与自然环境发生互动，在精神

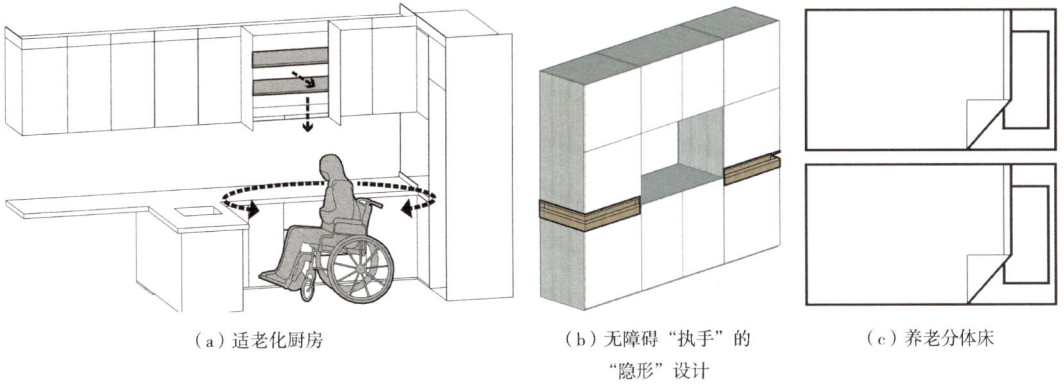

（a）适老化厨房

（b）无障碍"执手"的 "隐形"设计

（c）养老分体床

（d）可变升降餐桌

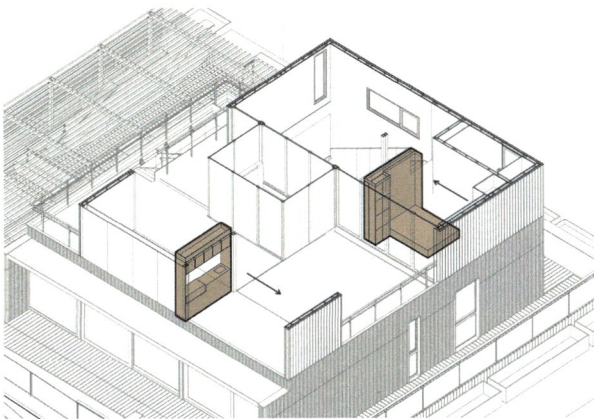

（e）改变空间使用模式的滑动家具

图2-27 适老化的家具设计

（e）改变空间使用模式的滑动家具

图 2-27 适老化的家具设计（续）

上充分满足老年人回归田园，归隐乡林的愿景。此外，自然资源特别是来自太阳的能源不仅为建筑的运行提供动力，对人体的健康及舒适度有着极为重要的作用，充足的太阳辐射为老年人的心理及生理健康给予保障（图 2-28）。

2. 鱼菜共生系统

除了无障碍垂直通行和气候调节，中庭的第三个作用是一个生态循环系统的载体。家庭生活用水，例如浴室废水、厨余废水、洗衣废水都将经过家用的中水处理系统的循环过滤，采用孔径为 0.1~1μm 的微滤膜和小于 0.01μm 的超滤膜过滤杂质，过滤效果可达到 90%，后将净水注入中庭的蓄水池中。水池一方面起到景观调节的作用，另外在中庭的立面上纳入植物滴灌系统，形成了自循环的鱼菜共生系统。鱼菜共生是一种新型的复合耕作体系，它把水产养殖与水耕栽培这两种原本完全不同的农耕技术相结合，从而产生养鱼不换水而水质清澈，种菜不施肥而正常成长的生态共生效益。在 i-yard 2.0 的鱼菜共生装置中，利用净化处理后的中水养鱼，同时选择了紫苏、木耳叶、地瓜叶、韭菜等适合水培的植物栽种于花盆之中并悬挂于景观墙上，通过水泵与水箱定时定量浇灌植物。鱼菜共生装置带动了动物、植物的和谐共生，并且成为独特的室内景观，营造一种绿色且富有活力的生活空间和氛围，带给人们一种绿色健康的生活体验（图 2-29、图 2-30）。

图 2-28　回归自然的视野与景观设计

图 2-29　中水回收利用与鱼菜共生系统

图 2-30 建筑室外照片

2.7.4　室内环境质量监测数据

i-yard 2.0 建筑具有相对全面的建筑空间舒适性设计，通过主动式系统设计和被动式空间设计综合调控建筑内部环境舒适性。以建筑室内环境为目标的主动式设计策略包括地热系统、光伏直驱多联机空调、余热交换的新风系统等；被动式设计策略包括空气集热墙系统、可变中庭系统等。团队借助 2018 中国国际太阳能十项全能竞赛对建筑室内环境舒适性进行了实地测试，室内环境监测的参数包括温度、湿度、CO_2浓度、$PM_{2.5}$四项。测试时间为夏季工况下，2018 年 8 月 2 至 15 日，共计 14d。室内温度自 6pm 至次日 7am 内，温度严格控制在 22~25℃，其他时间采用自然调控的方式控制室内温度环境。从室内温度曲线可以看出，由于良好的被动式设计，在非制冷时间段（7am~18pm），建筑在室外平均温度 32℃时，室内的平均温度仅为 25.6℃，平均温度差为 6.4℃，减少了大量建筑运行期间用能。借助主动式调节和被动式降温等手段，实现建筑白天吸热晚上放热的循环系统，保持良好的建筑室内温度环境（图 2-31）。

图 2-31　室内温度监测

湿度在比赛期间通过主动式新风系统和被动式调节手段控制在 50%~80%，虽然绝大多数时间段是高于 60% 的人体最佳舒适区间，但由于当地夏天极高的室外湿度，建筑室内湿度变化区间相对平缓稳定，保持了良好的建筑室内湿度环境（图 2-32）。

图 2-32　室内湿度监测

CO$_2$ 浓度在比赛期间的 90% 左右的时间段内 CO$_2$ 浓度都 < 1000ppm，即处于人体最舒适区间，只有 10% 左右的时间段，建筑室内 CO$_2$ 浓度 > 1000ppm 但 ≤ 1200ppm。保持良好的建筑室内 CO$_2$ 环境（图 2-33）。

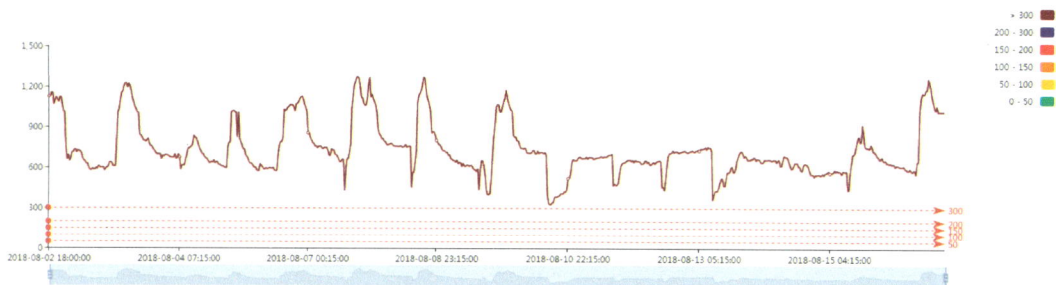

图 2-33 室内 CO$_2$ 浓度监测

室内 PM$_{2.5}$ 浓度在比赛期间在 80% 左右的时间段控制在 ≤ 35μm/m^3，处于最佳舒适区间，只有 20% 左右的时间段 > 35μm/m^3 但也 < 50μg/m^3，保持良好的建筑室内 PM$_{2.5}$ 环境（图 2-34）。

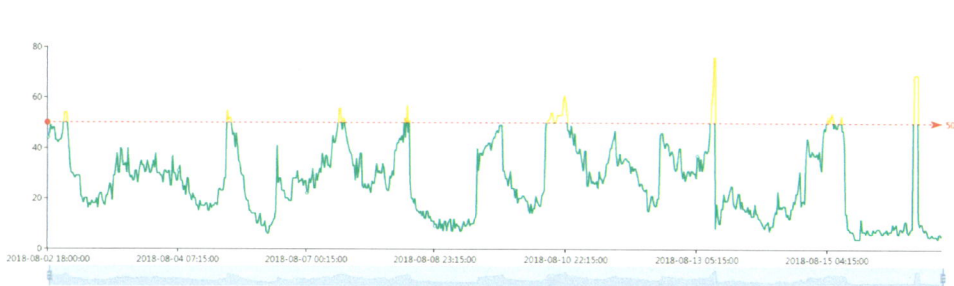

图 2-34 室内 PM$_{2.5}$ 浓度监测

参考文献

［1］ 中国社会科学院语言研究所编辑室.现代汉语字典 [M].北京：商务印书馆，2012.

［2］ 夏征农，陈至立.辞海 [M].上海：上海辞书出版社，2009.

［3］ 环境 [EB/OL]. [2015-5-26] http://baike.baidu.com/link?url=JahX3VFItmmLpadEWkCkw7PqBltd4lSvqc F9mp6LMHrIfduijNBIKWg5MDbWixijpVdKuVZN_m_QEcJo-JYv4q.

［4］ 文丘里.建筑的矛盾性与复杂性 [M].周卜颐，译.北京：中国建筑工业出版社，1977.

［5］ 吴学俊.面向城市的商业中介空间研究 [D].武汉：湖南大学，2001.

［6］ 亚历山大·C.秩序的性质（二）——关于房屋艺术与宇宙性质 [M].薛求理，译.北京：中国建筑工业出版社，1991.

［7］ 辞海编辑委员会.辞海 [M].上海：上海人民出版社，1979：1250.

［8］《建筑大辞典》编辑委员会.建筑大辞典 [M].北京：地震出版社，1992：51.

［9］ 荆其敏，张丽安.生态的城市与建筑 [M].北京：中国建筑工业出版社，2005，05.

［10］David P. New organic architecture—the breaking wave [M]. Losangeles: University of California Press Berkeley and Los Angeles. 2001：80，182，214.

［11］爱德华兹.可持续性建筑 [M].周玉鹏，宋晔皓，译.北京：中国建筑工业出版社，2003：235.

［12］Zhu Y X. Low Energy Design in mixed-mode office buildings under subtropical climate: a case study in Shenzhen[R]. Mitigating and Adapting Built Environments for Climate Change in the Tropics，2015.

［13］Luo M H，Cao B，Jérôme D，Lin B R，Zhu Y X. Evaluating thermal comfort in mixed-mode buildings: a field study in a subtropical climate [J]. Building and Environment，2015：46-54.

［14］达以仁.被动式设计在亚热带气候区里的办公室的利用 [D].北京：清华大学，2015.

［15］Sergio A，Stefano S. Occupant satisfaction in LEED and non-LEED certified buildings [J]. Building and Environment，2013，68：66-76.

［16］马克·特里伯.庭园与气候（序）[M].北京：中国建筑工业出版社，2005.

［17］李珺杰.中介空间：建成环境的被动调节 [M].北京：清华大学出版社，2021.

［18］Junjie Li，Yehao Song*，Shuai Lv，Qingguo Wang. Impact evaluation of indoor environmental performance of animate space in buildings[J]. Building and Environment，2015，94（12）：353-370.

［19］Yehao Song，Junjie Li*，Jialiang Wang，Shimeng Hao，Ning Zhu，Zhenghao Lin. Multi-criteria approach to passive space design in buildings: Impact of courtyard spaces on public buildings in cold climates [J]. Building and Environment，2015，89（7）：295-307.

［20］Junjie Li，Shuai Lu*，Qingguo Wang，Shuo Tian and Yichun Jin. Study of Passive Adjustment Performance of Tubular Space in Subway Station Building Complexes [J]. Applied Science，2019，03（9）：834.

［21］Junjie Li *，Shuai Lv，Qingguo Wang. Graphical visualization assist analysis of indoor environmental performance: Impact of atrium spaces on public buildings in cold climates[J]. Indoor and Built Environment，2018（3）：331-347.

［22］奇普·沙利文.庭园与气候 [M].沈浮，王志姗，译.北京：中国建筑工业出版社，2005.

［23］CHARLES J. KIBERT. Sustainable construction—green building design and delivery [M]. New Jersey: John Wiley & Sons，Inc.，Hoboken，2013：256-257.

［24］薛杰.可持续发展设计指南：高环境质量的建筑 [M].北京：清华大学出版社，2006.

［25］吴聪慧.生态办公建筑设计的技术理念之初探 [J].长春工程学院学报（自然科学版），2009，10（1）：16-20.

［26］戴德.《礼记》礼运篇 [EB/OL][2017-8-28]. http://www.chinakongzi.org/rjwh/lsjd/liji/200711/t20071123_2911548.htm.

［27］陈蕴，艾侠，杨铭杰.绿色总部——万科中心设计解读 [J].建筑学报，2010，（1）：6-13.

［28］中国建筑报道.密斯·凡·德·罗 [EB/OL][2017-8-22]. http://www.archreport.com.cn/show-30-404-1.html.

［29］DANIEL W. A guide to life-cycle greenhouse gas（GHG）emissions from electric supply technologies[J]. Energy，2007，32（9）：1543-1559.

［30］《大师》编辑部.大师 MOOK 系列丛书：杨经文 [M].武汉：华中科技大学出版社，2007：21.

［31］肯尼斯·弗兰姆普敦.现代建筑——一部批判的历史 [M]. 张钦楠，译.北京：生活·读书·新知三联书店，1985：181.

［32］闫英俊，刘东卫，薛磊.SI住宅的技术集成及其内装工业化工法研发与应用 [J]. 建筑学报，2012，（4）：55–59.

［33］中华人民共和国住房和城乡建设部.中国绿色建筑评价标准：GB/T 50378–2014[S]. 北京：中国建筑工业出版社，2014：4.

［34］BREEAM. International new construction technical manual. SD5075–1.0，2013.

［35］薛彦波，仇宁.生态建筑+生长模式—Vincent Callebaut 的设计实践 [M]. 北京：中国建筑工业出版社，2011：7.

［36］尹培桐.黑川纪章与"新陈代谢"论 [J]. 世界建筑，1984，（6）：114–117.

［37］ASHRAE（American Society of Heating，Refrigerating，and Air Conditioning Engineers）. ASHRAE Standard 62—1989. Ventilation for acceptable indoor air quality[M]. Atlanta，GA：ASHRAE，1989.

［38］萨克森.中庭建筑——开发与设计 [M]. 戴复东，吴庐生，等译.北京：中国建筑工业出版社，1992：12–35，67–80.

［39］Michael B.，Perter M.，Michael S. Green building：guidebook for sustainable architecture[M]. Berlin：Springer–Verlag Berlin Heidelberg，2010：31.

［40］Santamourism，James. Solar thermal techologies for buildings[M]. The State of the Art，2003：127–130.

［41］陈纲伦."阴性文化"与中国传统建筑"井空间"[J]. 华中建筑，1999，（1）：21–28.

［42］张良皋.空谷幽兰——赞兰苑山庄 [J]. 新建筑，1989，（3）：32–33.

［43］姜冶.利用竖向空间实现大进深建筑通风设计研究 [D]. 沈阳：沈阳建筑大学，2012：15.

［44］Gerhard H.，Michael de S.，Petra L. Climate skin，building–skin concepts that can do more with less energy [M]. Switzerland：Birkhuser，2006：108，110.

［45］张弘，李珺杰，董磊.零能耗建筑的整合设计与实践——以清华大学 O-house 太阳能实验住宅为例 [J]. 世界建筑，2014（1）：114–117.

［46］Hong Zhang，Junjie Li，Lei Dong，Huanyu Chen. Integration of sustainability in Net–zero House：experiences in Solar Decathlon China[C]. 2013 ISES Solar World Congress，Energy Procedia，2013（57）：1931–1940.

［47］李珺杰，夏海山.归·田园居—i-Yard 2.0 新城镇零能耗养老住宅设计 [J]. 建筑学报，2018（12）：102–108.

［48］李珺杰，朱宁.建筑中介空间被动式调节作用效果的实测验证——以大型公共建筑的中庭空间为例 [J]. 建筑学报，2016（9）：108–113.

［49］李珺杰.中介空间的被动式调节作用效果验证与设计反馈 [J]. 建筑学报（学术专刊），2016（2）：50–55.

［50］李珺杰，夏海山.有机·复合——中介空间的被动式调节作用解析 [J]. 新建筑，2019（2）：106–109.

［51］李珺杰，夏海山.新城镇绿色养老住宅合作居住模式调查与适宜技术探讨 [J]. 华中建筑，2018，36（10）：30–33.

［52］Yichun Jin，Junjie Li*，Wei Wu. i-Yard 2.0：integration of sustainability into a Net–Zero Energy House [J]. Applied science，2020，10：3541.

［53］Shuo Tian，Yichun Jin，Junjie Li*. Physical environment fieldwork study of well-type space in Beijing subway station building complexes. International review for spatial planning and sustainable development，2019（7）：97-110.

［54］奇普·沙利文. 庭园与气候 [M]. 沈浮，王志姗，译. 李道增，校. 北京：中国建筑工业出版社，2005.

［55］陈纲伦."阴性文化"与中国传统建筑"井空间"[J]. 华中建筑，1999，（1）：21-28.

［56］G.Z. 布朗，马克·德凯. 太阳辐射·风·自然光——建筑设计策略（原著第二版）[M]. 常志刚，刘毅军，朱洪涛，译. 冉茂宇，校. 北京：中国建筑工业出版社，2006.

［57］Yehao Song，Junjie Li*，Jialiang Wang，Shimeng Hao，Ning Zhu，Zhenghao Lin. Multi-criteria approach to passive space design in buildings：impact of courtyard spaces on public buildings in cold climates [J]. Building and environment，2015，89（7）：295-307.

［58］ASHRAE 62.1-2013. ASHRAE Standard. Ventilation for acceptable indoor air quality. Atlanta：GA：American Society of Heating，Refrigerating and Air Conditioning Engineers，2013.

［59］USGBC. LEED reference guide for green building design and construction [S/OL]. 2009：570. https：//www. usgbc.org/resources/leed-reference-guide-building-design-and-construction.

［60］中华人民共和国国家质量监督检疫总局，中国国家标准化管理委员会. 环境空气质量标准 GB 3095-2012[S]. 北京：中国环境科学出版社，2012.

［61］Sarah V. Russell-Smith，Michael D. Lepech，Renate Fruchter，Allison Littman. Impact of progressive sustainable target value assessment on building design decisions. Build Environment，2015，85（2）：52-60.

［62］李珺杰. 中介空间的被动式调节作用研究 [D]. 北京：清华大学，2016.

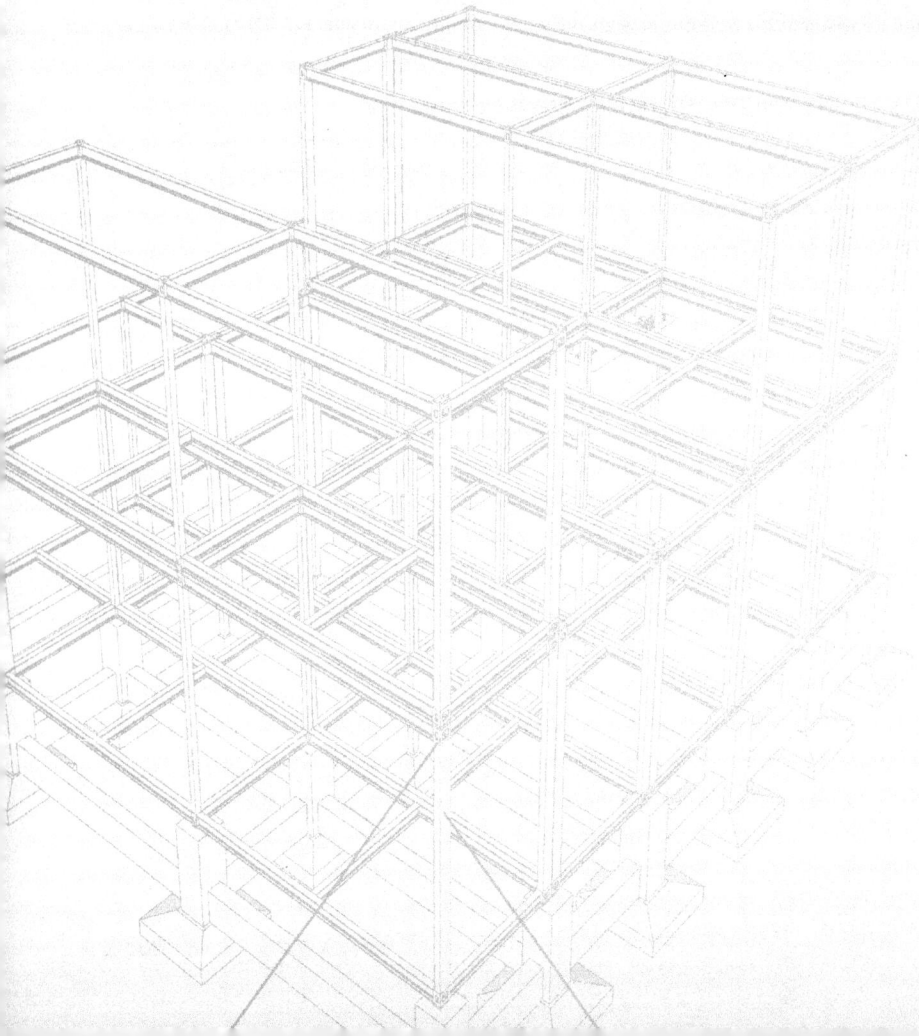

第 3 章
减少建筑的隐含碳排放

　　就目前的研究进展来看，在建筑能源研究中对于隐含碳关注度不足，其原因主要由于建筑的生命周期中产生的能源消耗和温室气体排放是多学科交叉的问题，自上而下的统计数据和环境要素通常按经济部门进行划分，统计数据的整合存在一定的障碍。数据显示，用于新建建筑和既有建筑改造的建筑产品生产占全球总能源和相关温室气体排放的 11%，其中超过一半的排放与钢铁和水泥的制造有关。

——纪尧姆·阿贝尔（Guillaume Habert）

在历届的中国国际太阳能十项全能竞赛（SDC）中，关于建筑全生命周期的隐含碳的讨论并不多见。竞赛更多的是讨论"开源－截流"的用能问题，而对建造的过程、材料的选择方面关注度不高。但在 2024—2025 年中国国际太阳能十项全能竞赛的专项赛——可持续未来挑战赛（SFC 2024）中，对于可持续建筑的全生命周期碳排放中的隐含碳部分做了补充。

创新（SDC 2022）

·项目在将环保理念应用于整个建筑系统方面表现如何？设计是否实现了合理的资源回收，如黑水、建筑废料、材料再利用、生命周期等？

挑战三：生态与环境（SFC 2024）

·团队在设计、组装和操作竞赛原型的整个过程中，如何努力将对生物多样性和生态系统的影响和压力降至最低，以维护、增强或恢复当地生态环境的完整性、连通性和恢复力？

挑战五：能源和碳（SFC 2024）

·进行全生命周期碳排放计算，包括生产、运输、建设、运营和拆除阶段。应考虑包括物质的碳和碳汇在内的所有碳计算输入和假设，并进行详细记录。

3.1 材料的隐含碳

3.1.1 什么是隐含碳？

建筑的隐含碳（Embodied Carbon）是指于建筑物的构建、材料制造、运输、组装和拆除等过程中产生的温室气体排放。与建筑的运行期间产生的温室气体排放不同，这些排放是与建筑的物质构成和制造过程相关的，通常在建筑物的生命周期的早期阶段产生。隐含碳通常包括以下几个方面（对应图 3-1 的全生命周期 A-D 阶段）：

1）材料生产阶段：建筑材料的生产和制造过程会释放大量的温室气体，特别是对于高碳足迹的材料，如水泥和钢铁（A1-A3 产品生产阶段）。

2）运输阶段：将建筑材料从制造地点运送到建筑工地需要燃料和能源，会产生温室气体排放（A1-A5 的建造阶段）。

3）施工阶段：建筑物的组装和施工也需要能源和材料，因此也会产生温室气体排放（A4-A5 的建造阶段）。

4）拆除和废弃阶段：建筑物在寿命周期结束后的拆除和废弃过程中，处理和处置废弃材料也可能导致温室气体排放（C1-C4 的废弃拆除阶段以及 D 循环再利用阶段）。

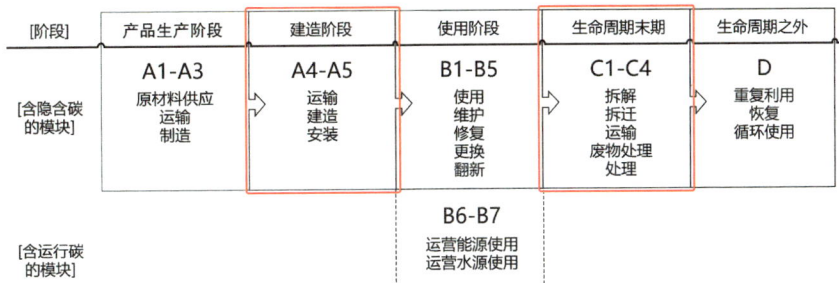

图 3-1 建筑隐含碳在建筑全生命周期的阶段

隐含碳在建筑行业越来越受到关注，因为它们占据了建筑物整个生命周期温室气体排放的重要部分。因此，减少建筑的隐含碳排放已成为减缓气候变化和可持续建筑的重要策略之一。因此，亟需建筑行业采取措施，例如使用更环保的建筑材料、改善材料生产过程的效率、减少运输距离、推广可再生能源等，以降低建筑的隐含碳排放，有助于减少建筑行业对气候变化的负面影响。

3.1.2 对生命周期相关温室气体排放的挑战和误解

就目前的研究进展来看，在建筑能源研究中对于隐含碳关注度不足，其原因主要由于建筑的生命周期中产生的能源消耗和温室气体排放是多学科交叉的问题，自上而下的统计数据和环境要素通常按经济部门进行划分，统计数据的整合存在一定的障碍。数据显示，用于新建建筑和既有建筑改造的建筑产品生产占全球总能源和相关温室气体排放的 11%，其中超过一半的排放与钢铁和水泥的制造有关。最新的 IPCC 报告涵盖了建筑物中对隐含碳的讨论，强调了建筑实施建造过程中产生的碳排放所占的比重。

建筑的隐含碳很少被考虑到政策制定中，其中一个原因是错误地认为除了运行能源需求和相关温室气体排放之外的因素对建筑的环境性能来说可以忽略不计。而如今这样的说法被认为是已经过时的早期研究：对于早期传统的建筑物来说，建筑隐含碳与运行碳影响的比例约为 1∶10，因此生命周期碳排放的研究集中在运行阶段所使用的能源需求预测的不确定性上，而建造期间的隐含碳不被认为是相关因素。然而，这种情况近年来已经发生了巨大变化。多项研究已经证明了不断增长的隐含碳的重要性，无论是相对于生命周期性能的贡献值还是碳排放的绝对值都是很客观的数字。研究和讨论的主题包括隐含碳影响的相对值和绝对值，以及如何确定相关的基准。

在 Martin Röck 等人的研究中，对 52 座办公建筑和 186 座住宅建筑展开了建筑运行碳和隐含碳的占比分析。最终样本中的大多数案例研究来自欧洲国家（74%），其次是亚洲国家（15%）和大洋洲国家（6%），来自北美、南美和其他地区的案例仅占该样本的一小部分（总和为 5%）。图 3-2a 呈现了对所研究建筑物的整个生命周期中温室气体排放的平均分析结果，以绝对数值 [kgCO$_2$eq/（m^2·a）] 表示，区分了隐含碳和运行温室气体排放（堆积条形图）的比重情况。此外，图3-2a展示了建筑物生命周期温室气体排放中隐含温室气体排放的相对贡献值折线图（百分比）。该图同时呈现了包括住宅和办公建筑的综合数据，以及每种建筑类型的分开数据。研究结果还根据三个"能源性能等级"进行了区分，从"现有标准"建筑到"新标准"和"高性能"建筑（根据测试国家或地区的标准进行比较）。在建筑隐含的温室气体排放份额方面，无论是住宅还是办公建筑，在新建建筑中，隐含温室气体排放的贡献都全球性地增加了，从约20%增加到约50%，在极端情况下甚至超过90%。这种隐含温室气体排放的相对增加主要是因为在从现有建筑向新建和更高标准的过渡中，运行阶段温室气体排放已经减少，可以观察到该趋势对于办公建筑和住宅建筑都存在。这些结果在不同地区，即在欧洲或亚洲的研究中以及在全球分布的LCA研究中都存在相似的趋势。同时，就绝对数值而言，隐含温室气体排放几乎没有下降，甚至有所增加。分析显示，就绝对数值而言，这种隐含温室气体排放的增加是住宅建筑的整体趋势。现有建筑约6.7kgCO$_2$eq/（m^2·a），而新建和高级住宅建筑分别为6.7kgCO$_2$eq/（m^2·a）和11.2kgCO$_2$eq/（m^2·a）左右。而在调查的办公建筑中，就绝对数值而言，隐含温室气体排放减少并趋于稳定，从现有建筑约17.3kgCO$_2$eq/（m^2·a）减少到新建或高级办公建筑的11.6和12.0kgCO$_2$eq/（m^2·a）左右。更详细地调查数据分布，如图3-2b所示，可看出即使是相同类型和能源性能等级的建筑物，运行和隐含排放的数值也存在广泛变化。新建标准和高性能的建筑物中隐含温室气体排放的绝对值，住宅建筑约为3.3~13.3kgCO$_2$eq/（m^2·a），办公建筑约为7.1~11.6kgCO$_2$eq/（m^2·a）（第1至第3四分位数）。

因此，近年来人们越来越关注如何减少建筑环境中的运行碳排放，因为目前它占该行业排放的绝大部分（75%）（图3-3）。但据预测，材料的隐含碳占比将从25%增长到中世纪时期的近一半（49%）。与此同时，随着电力网络越来越多地转向可再生能源，以及建筑运行变得更加高效，运行碳的占比将会减小。

3.1.3 从设计阶段减少隐含碳

从建筑设计的视角，可以对建筑的隐含碳的减少做出初步的预判，以减少建筑在实际生命周期内的隐含碳排放。例如在建筑概念设计和初步设计阶段，对于建筑隐含碳的早期预判和定量，虽然具有很多的不确定性，但是可以快速地作为一个初步的依据。而在建筑设计的深化阶段以及建造阶段，则可以根据相对精准的参数信息，例如建筑材料、运输距离、施工周期等信息，预测出建筑的隐含碳排放情况。建筑设计阶段对于建筑隐含碳排放往往具有决定性的影响，可以采取的措施包括但不限于以下几个方面：

（1）优先选择低碳的建筑材料，包括可再生材料、回收材料或具有更低碳排放的替代品，以降低建筑的隐含碳排放。

（2）通过优化建筑的形式和结构，减少所需的材料数量，从而减少隐含碳排放。

图中文字：

所有建筑（住宅及办公室）　办公建筑　居住建筑

隐含和运行温室气体排放均值 [kg CO₂eq/（m²·a）]

现有标准　新标准　高性能

（n=67）　（111）　（60）　（11）　（24）　（17）　（56）　（87）　（43）

（a）全球建筑物生命周期温室气体排放趋势

隐含碳　运行碳

隐含碳的温室气体排放 [kg CO₂eq/（m²·a）]

运营碳的温室气体排放 [kg CO₂eq/（m²·a）]

（n=56）（11）　（87）（24）　（43）（17）　（56）（11）　（87）（24）　（43）（17）

现有标准　新标准　高性能

隐含碳　运行碳　隐含碳份额
建筑类型：　居住建筑　办公建筑

（b）按能源性能等级划分的住宅和办公建筑的温室气体排放值分布

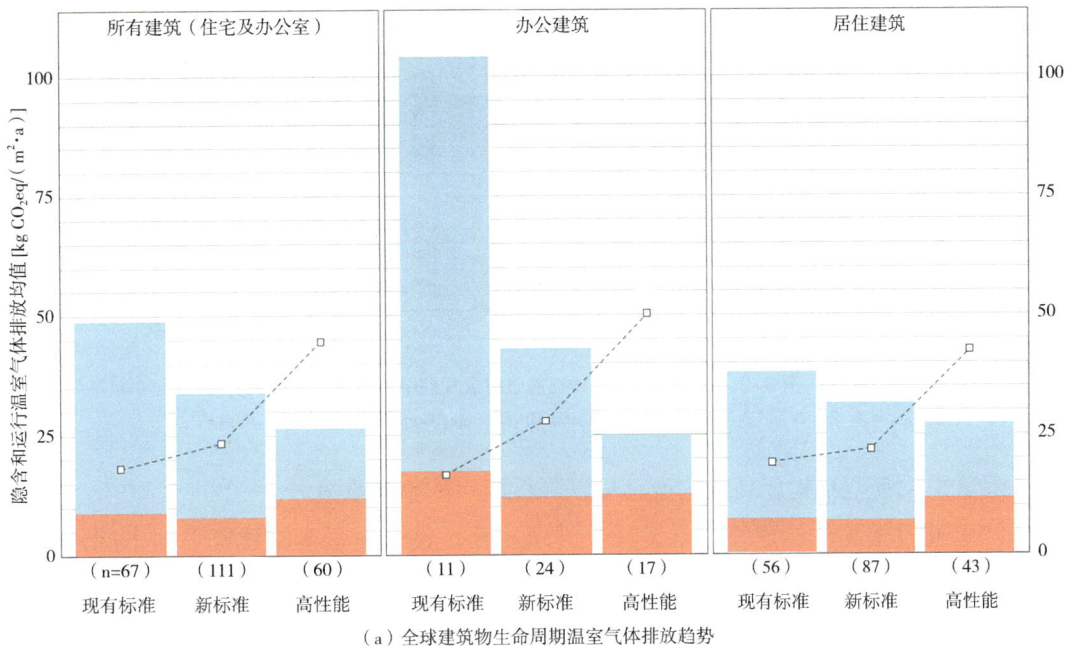

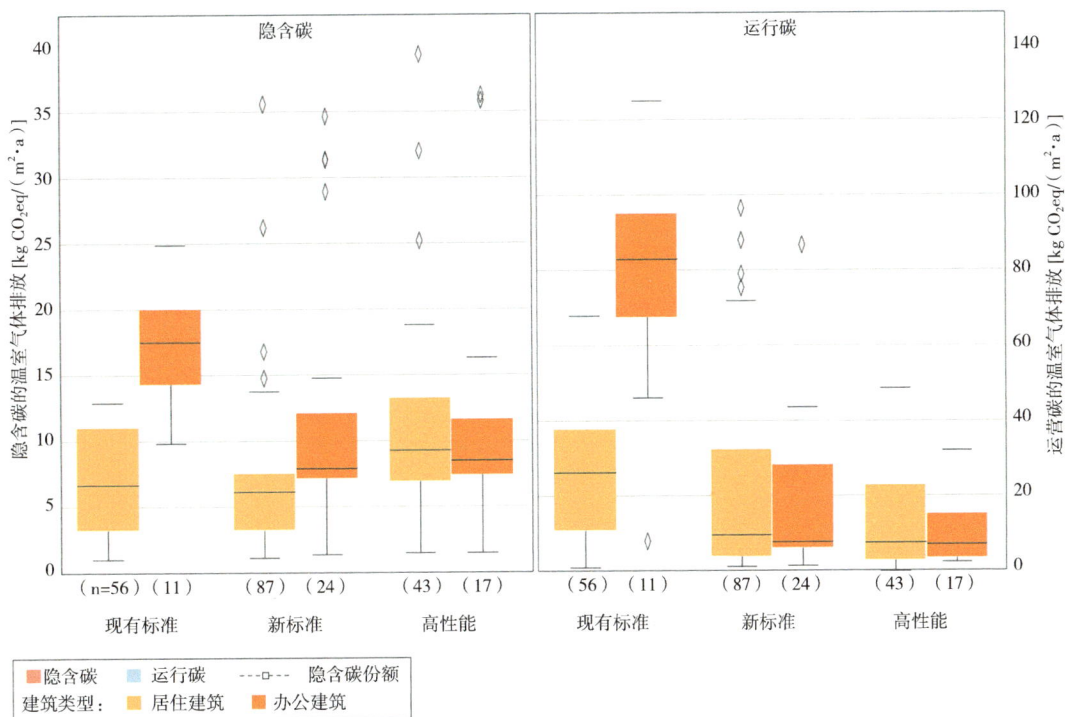

图3-2　建筑温室气体排放趋势分析

资料来源：根据 Röck M.，Mendes Saade M. R.，Balouktsi M.，Rasmussen F. N.，Birgisdottir H.，FrischknechtR.，Habert G.，Lützkendorf T.，PasserA. 2019. Embodied GHG emissions of buildings – the hidden challenge for effective climate changemitigation. Applied energy 改绘。

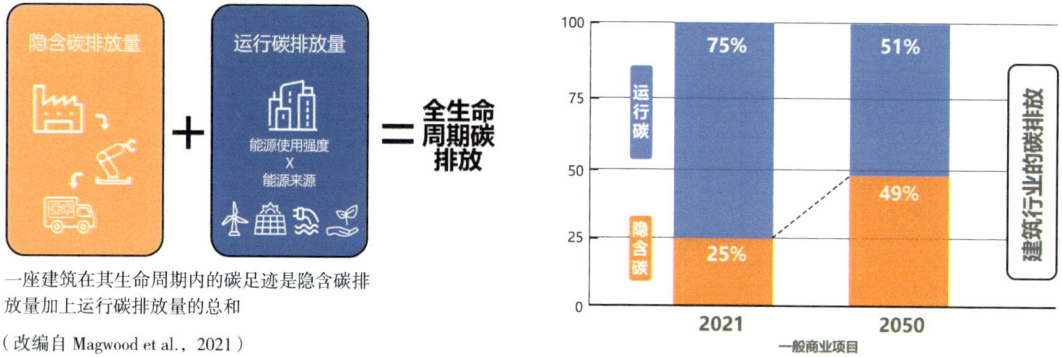

一座建筑在其生命周期内的碳足迹是隐含碳排
放量加上运行碳排放量的总和

（改编自 Magwood et al.，2021）

图 3-3　隐含碳与运行碳在建筑发展周期中的比重及预测

资料来源：根据 UN Building Materials and The Climate：Constructing A New Future 改绘。

例如建筑采用轻型结构和高效的设计可以降低建筑的整体重量。

（3）通过集约化的建筑设计，减小建筑规模。设计更紧凑的建筑平面布局，以减少建筑的总面积，从而降低所需材料和能源。

（4）通过优化供应链或者优先利用本土材料的方式，减少运输距离和运输排放，优化供应链以提高材料的可持续性。同时，优先利用本地材料，例如优先选用小于10km 范围内的建筑材料，既有利于带动当地建造经济产业及建造能力的提升，又有利于减少运输过程中产生的碳排放。

（5）提升建筑的装配化水平，例如采用模块化设计和预制构件可以减少施工现场上的材料浪费和碳排放，有助于提高施工效率和减少废弃物。

（6）设计阶段展开对建筑生命周期的分析测算，以评估不同设计选择对隐含碳排放的影响，并在设计阶段给出建议，帮助建筑设计持续改进。建筑设计不是一次性的，需要在整个项目生命周期中不断进行改进和优化。随着技术的发展和更多的可持续建筑实践，设计师应保持对最佳实践和新技术的了解，以不断降低建筑的隐含碳排放（图 3-4，表 3-1）。

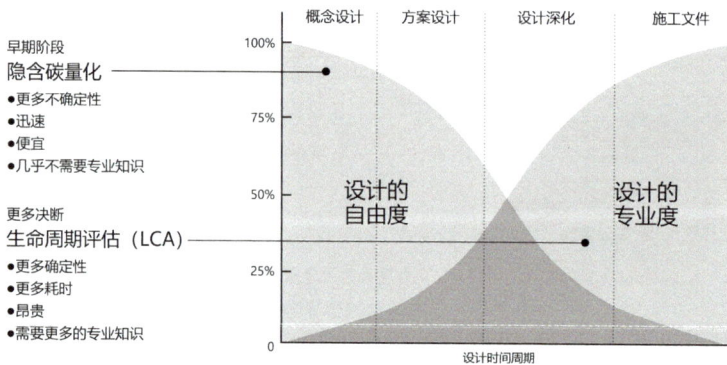

图 3-4　设计早期和晚期的隐含碳的定量比较

资料来源：根据 Demi Fang，etc. Reducing embodied carbon in structural systems：a review of early-stage design strategies[J]. Journal of Building Engineering，2023（76）改绘。

建筑设计阶段的隐含碳降低方法 表 3-1

	策略	文献来源及发展	优势（+）局限（-）	与其他策略的结合
0a	自下而上逐层预测隐含碳排放	无	+ 在早期阶段具有更大机会降低生态成本 - 在早期设计阶段不确定	作为基线值理解其他的减碳策略
0b	统计预测具体碳排放	统计学、数据分析和机器学习	+ 如果预测可靠，可能比自下而上的估算更高效 - 数据的稀缺性和稀疏性	当可靠时，可以替代"策略 0a"。现有数据集可以受到基准数据的启发（"策略 2"）。可以使用参数模型生成合成数据集，以备进行优化和探索（"策略 1"）
1	探索或优化参数化设计空间	对经典的结构优化，以重量或材料为目标进行优化。在近期的研究中，已发展为以具体影响为目标的优化	+ 提供对设计决策更深远的探索 - 一个特定建筑的参数化框架可能不具备普适性 - 构建参数模型可能不直观、困难且耗时	通过参数框架，可以量化许多其他策略在特定项目中的有效性
2	比较设计概念、案例研究和基准	无	+ 在高精度情况下分析几个替代设计方案 - 可能会忽视设计空间中其他可行甚至更好的设计 - 针对特定项目的案例研究建议可能不具有普适性	针对特定项目，许多其他策略的有效性可以通过案例研究比较来量化
3	减少材料使用	悬索几何、格栅和筋板楼板、典型的梁截面、轻型结构、结构优化或不建造	+ 适用于单一材料 - 特别优化的结构可能在施工可行性方面存在挑战 - 当涉及多种材料时，可能无法实现最低的隐藏碳排放	当使用多种材料时，最好将隐含碳排放最小化（参见策略 1）。数字化制造解决方案还与策略 7 相关
4	使用低碳和碳封存材料	无	+ （因子策略而异）当涉及多种材料时，可能无法实现最低的具体碳排放	整体性策略（策略 1、策略 2）可以帮助平衡此策略与材料效率（策略 3）之间的权衡
5	设计可重复使用并重复使用结构元素	无	+ 使用旧结构元素需要最少的加工处理 - 存在组织、物流和系统层面的障碍	与策略 6 的组合。与策略 6 不同，可能需要更多的拆卸和运输物流
6	灵活重用整个结构并设计以提高使用寿命	持续讨论拆除与更新在环境上哪种更有益的话题	+ 避免新建建造 - 与"前期/初始"隐含碳排放相比，设计师在早期设计阶段更难最小化这一"重复"的隐含碳排放	为过程中的灵活性设计，但可能与例如策略 3 发生冲突
7	减少建筑和拆除废料	多样化，例如针对预制的"工业化住宅建设"	+ 在建筑的生命周期前后，解决了材料效率问题 - 取决于系统，改善结构系统本身的材料效率可能更具影响力	仅靠预制还不足以保证减少废弃物；应该与例如策略 3、策略 5、策略 11 等结合使用
8	减少负荷需求的方法	把减少需求作为提高材料效率的一般方法	+ 需要进行少量调整以适用于现有的结构设计配置 - 存在危险因素的地区可能会对材料利用采取更为保守的方法	与策略 6 之间存在复杂的关系
9	利用标准化或定制化	无	+ 原型可以促进普遍应用。在有效降低隐含碳排放方面，标准化和定制之间的平衡因项目而异 - 复杂性可能导致具体碳排放的增加	标准化可以增强未来使用的灵活性（策略 6）

	策略	文献来源及发展	优势（+）局限（-）	与其他策略的结合
10	结合主动式系统	"性能导向设计"：对主要危险和振动做出响应的主动系统	+ 避免材料的过度设计 - 目前无原型的尺度，可能尚不具备可扩展性	一些最新技术已经显示出与策略1和策略3特别兼容
11	整合系统	承认隐含碳排放和运行碳排放之间的权衡，并采用多目标优化来权衡	+ 可以通过多个系统减少建筑中的材料使用和碳排放 - 需要多个学科在设计的早期进行合作	预制单元可能会减少建筑废料（策略7），并利用标准化（策略9）。多目标优化或探索可与策略1结合

资料来源：Demi Fang, etc. Reducing embodied carbon in structural systems: A review of early-stage design strategies[J]. Journal of Building Engineering, 2023（76）.

3.2　可再生的材料

3.2.1　材料的碳性质

根据 Olga Beatrice Carcassi 和 Guillaume Habert 对于不同材料在碳中性建造的材料性质的研究中，采用了动态生命周期评估（LCA）方法，考虑了生物质碳和建筑元素在时间周期下的碳交换（图 3-5）。通过将建筑物分解为在建筑隐含碳排放中起主要作用的六个构建元素，即地上和地下结构、窗户、防水膜、饰面——包括内部铺地、墙壁、顶棚和外墙——以及隔热材料。通过将更多传统的材料，例如混凝土，和非传统的材料，例如竹子，混合使用，设计了不同的材料组合以实现气候中性。材料组合是基于水泥、木材和竹子（图 3-5a）为主体，从隔热材料到结构层次进行设计的。根据其碳排放和碳吸收潜力，每种材料被分类为正碳材料或负碳材料（图 3-5b）。更具体地说，根据它们的净全球暖化潜能（GWP）值，所使用的材料被分为三个主要类别，即高碳、低碳和负碳。净 GWP 是每种材料的 100 年指数的 GWP 总和，以及根据 "DynCO$_2$" 计算方法计算的生物基材料的相对 CO$_2$ 的去除量。由于混凝土将继续是大多数建筑的参考材料，因此以混凝土为基础的组合是混凝土结构的参考值，代表了 "常规" 情况。生物基材料是很好的隔热材料，特别是芦苇垫、稻草和麻纤维，也具有不同的除碳能力。通常在设计中，假定建筑使用寿命为 60 年，同时考虑了建筑构件的更换，结构元素以及聚乙烯防水膜的使用寿命与建筑物相同，即 60 年；所有的饰面、窗户和窗框的使用寿命为 30 年；生物基隔热材料采用了 Göswein 等人在 2021 年提出的 60 年作为建议值。

3.2.2　碳中性或负碳的可再生材料

Renewable（可再生的）：通常用于描述能源或资源，指的是可以通过自然过程或人为手段不断再生或恢复的资源。可再生资源是指在可见的时间范围内可以不断补充

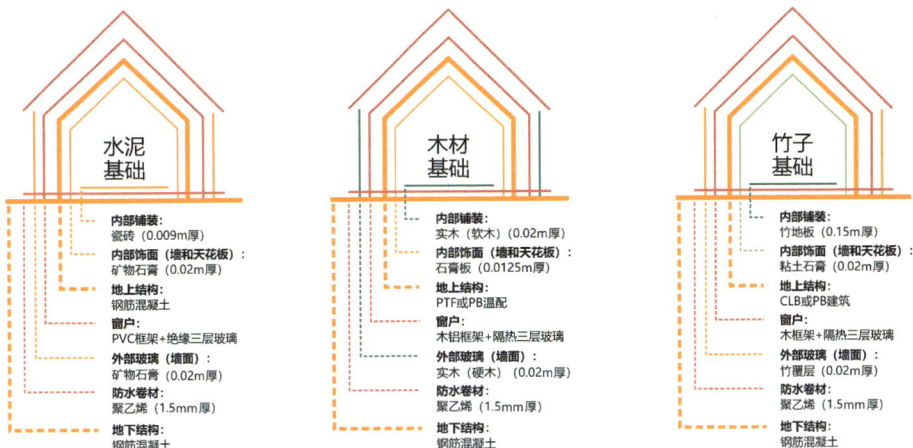

（a）

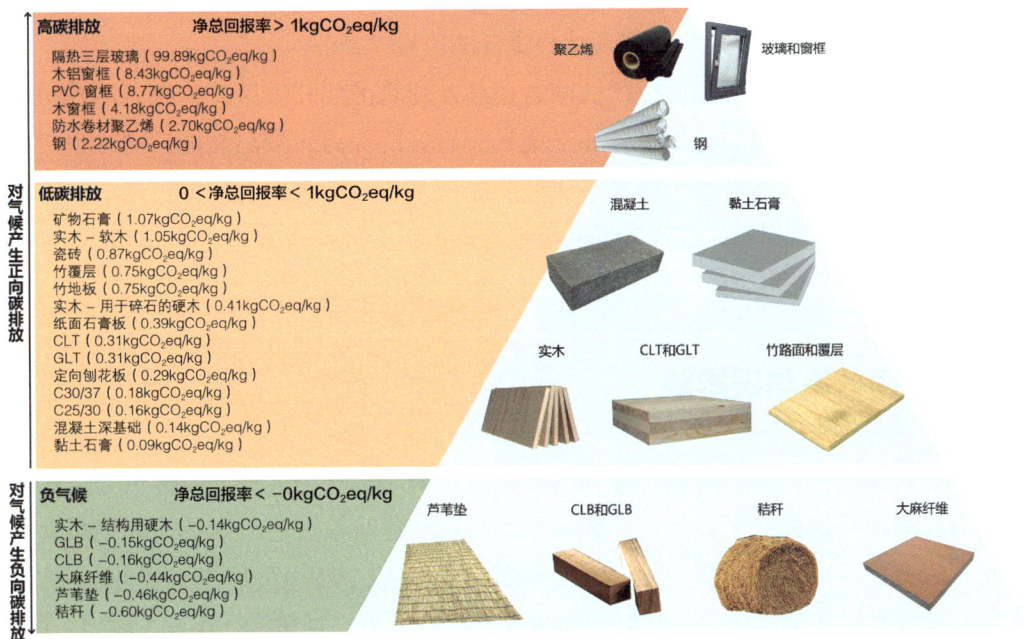

（b）

图3-5　气候中性的建造材料清单

资料来源：Olga Beatrice Carcassi，Guillaume Habert，Laura Elisabetta Malighetti，and Francesco Pittau. Environmental Science & Technology，2022，56（8），5213–5223. DOI：10.1021/acs.est.1c05895.

和利用的资源，例如太阳能、风能、水能和生物质能等。可再生能源的使用可以减少对有限资源的依赖，并且对环境的影响较小。

Regenerate（再生，恢复）：这个词通常用于描述生物学或环境方面的过程，指的是恢复、重建或再生某种失去或受损的状态或功能。在生物学领域，再生通常指生物体能够重新生长、修复或替代受伤或丢失的组织或器官。在环境方面，再生指的是恢复受到污染或破坏的土地、水体或生态系统的自然功能。

因此，"renewable"主要强调资源或能源的可再生性，而"regenerate"则侧重于生物体或环境的恢复、再生能力。这两个词在环境保护和可持续发展的背景下经常被使用，并且在不同的上下文中有不同的应用。

自然建筑材料是指来自自然界的材料，如木材、竹子、秸秆、土、石等，它们在传统建筑中被广泛应用于建筑中。然而，由于人口的不断增长和资源的消耗，自然建筑材料所具有的可持续性又再次成为被关注的对象。首先，在采集和加工自然建筑材料的过程中，往往需要大量的能源和水资源，同时也会产生废弃物和污染物，对环境造成严重影响。因此，寻找环保的采集和加工方式，以及利用回收材料等方式，已成为提升自然建筑材料可持续性的重要手段。其次，自然建筑材料的可持续性问题也涉及社会责任。在一些贫困地区，自然建筑材料的采集和加工已成为其重要的收入来源，但由于缺乏监管和合理分配，往往会导致不公平和剥削现象。因此，促进自然建筑材料的公正贸易和可持续发展，是实现社会责任的重要途径。

此外，自然建筑材料的可持续性问题还涉及建筑品质和健康。传统自然建筑材料的使用可以提高建筑品质，如木材和土壤具有较好的保温、隔热性能，同时也可以降低室内甲醛等有害气体含量，提高居住者的健康水平。因此，加强自然建筑材料的研究和应用，也是实现可持续建筑发展的重要方面。

3.3　建造效率与碳排放

在当代社会人类活动对自然环境的影响愈加积聚，其中大部分与建筑业有关。这些人为活动包括例如开采自然资源获取建筑材料、建筑建造过程导致的环境负荷。很多既有研究已经阐明了以提高可持续性性能的方式减少环境负荷的必要性。可以说，将可持续性原则和创新技术、材料和实践置于优先位置，对建筑行业至关重要。因此，越来越多的建造手段采用现代建筑方法，如预制装配的建造技术，以减轻生态足迹，提高资源的利用效率，加快房屋的建造效率并促进可持续供应，综合提升建筑的可持续性能。

预制建筑方法提供了更高的精确度和更好的材料价值，同时促进了回收并减少废物。此外，该方法被认为能够解决在传统现场施工实践中存在的不足，特别是当它与创新技术、材料和实践相结合以提高可持续性性能时，这一方法多次被证明能够解决传统现场施工实践中存在的问题。预制建筑方法描述了一个系统化的过程，其中由不同材料制造的板墙或预制单元在工厂中制造，随后用于地板、墙壁和屋顶结构，从而在现场形成了一个包括框架和开放式面板的三维建筑骨架结构。预制建筑方法可以被描述为一种建筑方法，是将整个建筑或其组件在工厂预制加工，然后以模块或独立面板在现场组装。由于预制建筑方法涉及生产单个部分（称为模块），因此其生产线在理论上比与传统建筑方法相关联的过程更快速、更方便。预制建筑单元已广泛用于世界各地的住宅、商业和公共基础设施、灾后建筑以及许多其他应用。根据 Gunawardena 和 Mendis（2022 年）以及 Noorzai 等（2022 年）的研究，预制建筑方法源于三种主要的建筑类型，即模块化（容积式）建筑、面板式建筑和混合预制建筑（半容积式）。近年来，更多创新的体系正在从这三种类型向整体系统的展开转变。

整体系统是一种建筑技术类型，允许在保持优质和耐久性的同时加快建筑建造。这种建筑类型允许同时使用标准化或相似的构造（如柱、承重墙）、墙壁和板。这意味着可以同时进行板和墙壁的预制浇筑。这是一种非常快速的建筑技术，已经帮助降低了公寓和其他建筑类型的项目开发成本。它看起来像一个盒子形的建筑，在对抗水平力方面（如地震、飓风等）表现出强大的韧性，因此在自然灾害多发地区非常有用（Jain & Bhandari，2022 年）。

对于现代建筑方法，特别是居住类型建筑的预制方法，存在着日益增长的需求。国内外学者们已承认预制建筑方法的创新潜力，可以用来改善该领域的性能（Khan 等，2022 年；Li 等，2021 年；Saad, Zulu & Dulaimi，2023 年；van Oorschot 等，2021 年）。将建筑引向预制建造的领域，不仅解决了长期存在的住房问题，解决了巨大的积压问题，还提高了住房的可负担性和可持续性性能。这一点已被各种学者所证实，例如，Mandala 和 Nayaka（2023 年）强调了在低成本住宅交付中使用预制建筑方法的好处，包括提高时间和成本效益、减少环境影响、减少建筑废物和减少能源消耗等。在低成本住宅交付中使用预制建筑方法的潜在优势证实研究中，Jain 和 Bhandari（2022 年）提出了一个协同框架，说明了预制建筑特征与可持续低成本住宅需求之间的关系。该框架中的要素沿社会、环境、经济和技术可持续性轨迹展开。

从建筑的碳排放轨迹上来看，Lehmann（2013 年）演示了"可拆卸设计"，即低碳预制组件通过减少温室气体排放和废物预防来促进建筑可持续性性能方面的实用性。Aye 等（2012 年）对可重复使用的预制建筑模块进行了能源分析。该研究的结果表明，预制钢结构中可以重复使用材料，从而节省了 81% 的能量。与此不同的是，Abey 和 Anand（2019 年）的研究结果表明，预制建筑方法的具体能量百分比高于传统的现场建筑方法，这主要归因于与预制建筑方法相关的工厂和现场之间的运输相关活动消耗的能源。

在 Alireza 的研究中，使用 EDGE 和 SimaPro 软件对所选常用预制方法的整个生命周期能源和成本进行了建模。SimaPro 是一种生命周期评估（LCA）软件，用于评估产品或系统的环境影响，可用于模拟预制建筑方法消耗的能源和成本。图 3-6 中评估了六种在低成本住宅项目中实施的创新预制建造方法（IPCMS）变体的可持续性能和指数得分。研究采用了两阶段准实验研究设计。第一阶段评估和比较了这些变体在涉及

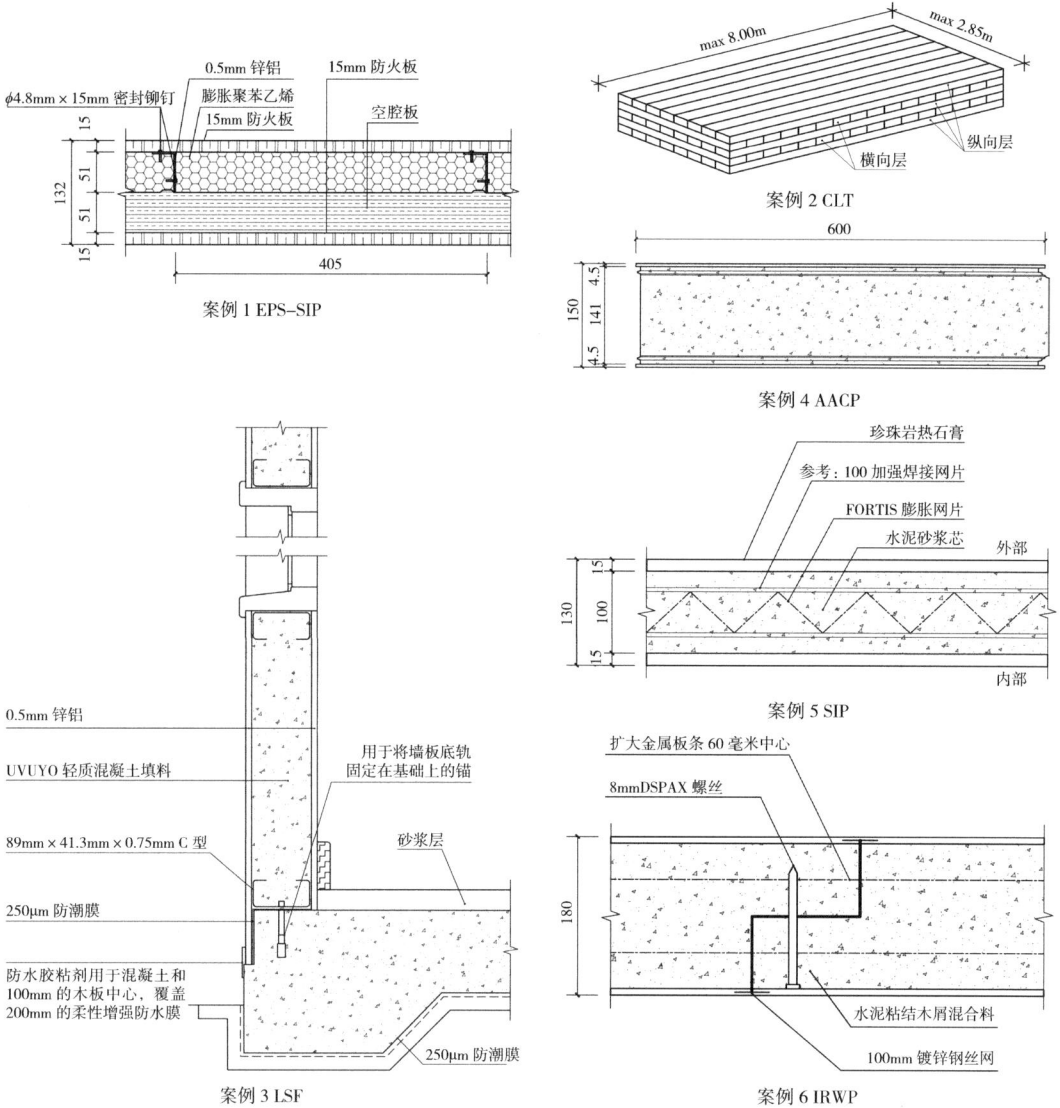

图 3-6　六种装配式构造的节点大样图（mm）

资料来源：根据 Alireza Moghayedi，Bankole Awuzie. Towards a net-zero carbon economy：a sustainability performance assessment of innovative prefabricated construction methods for affordable housing in Southern Africa[J]. Sustainable Cities and Society，99（2023）104907 改绘。

可持续性的不同条件下的技术规格、生命周期能源和成本以及实际性能。可持续、创新、可负担性质住房（SIAH）框架经过调整，增强其作为计算可持续性指数得分的工具的效用，专家意见用于计算每个案例的可持续性指数得分。随后，使用 EDGE 和 SimaPro 软件模拟了这些变体在不同条件下的可持续性能。研究结果表明，与传统方法相比 IPCMs 具有更高的整体可持续性能。此外，研究结果证明，整体式 IPCMs 更适合实现净零碳建筑（图 3-7，表 3-2）。

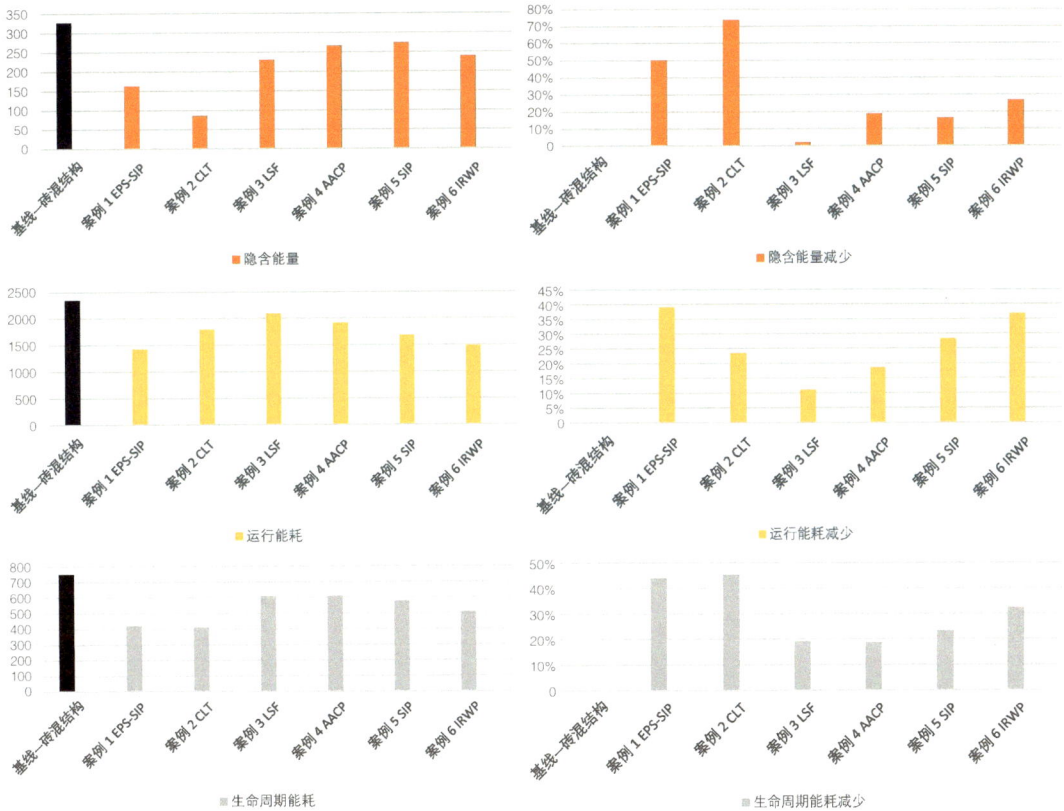

图 3-7　六种装配式结构与传统结构的节能减碳对比

六种装配式构造的技术参数　　　　　　　　　　　表 3-2

参数	基线一砖混结构	方案 1 EPS-SIP	方案 2 CLT	方案 3 LSF	方案 4 AACP	方案 5 SIP	方案 6 IRWP
尺寸 $L \times W \times H$（m）	N/A	1.6×0.12×2.4	4×0.15×2.85	1.5×0.2×2.5	0.6×0.15×2.7	1.1×0.1×2.5	1.2×0.2×2.2
密度（kg/m³）	1400	95	480	450	400	270	200
抗压强度（MPa）	5	10	7	11	6	8	6
传热系数（m²·k/W）	0.75	2.30	1.25	0.95	1.11	1.42	2.2
耐火时间（mins）	180	60	60	30	120	60	60
隔声性能（dB）	40	48	49	52	44	43	49
建造时间（d）	45	10	10	16	10	10	14
施工难度	难	易	易	难	中	中	中

资料来源：Alireza Moghayedi，Bankole Awuzie. Towards a net-zero carbon economy：A sustainability performance assessment of innovative prefabricated construction methods for affordable housing in Southern Africa[J]. Sustainable Cities and Society，99（2023）104907.

六种装配式构造的全生命周期碳排放指标（转化为用能）　　表 3-3

具体参数	基线—砖混结构	方案 1 EPS-SIP	方案 2 CLT	方案 3 LSF	方案 4 AACP	方案 5 SIP	方案 6 IRWP
隐含能量（GJ）	327.6	163	86.1	230.6	265.7	273.5	240.1
隐含能量减少	0%	50.2%	73.7%	2.1%	18.9%	16.5%	26.7%
运行能耗（kW·h/year）	2356.8	1435.4	1800.8	2095.6	1918.9	1688.5	1490.6
运行能耗减少	0%	39.1%	23.6%	11.1%	18.6%	28.4%	36.8%
生命周期能耗（GJ/50 years）	751.8	421.4	410.2	607.8	611.1	577.4	508.4
生命周期能耗减少	0%	44.0%	45.4%	19.2%	18.7%	23.2%	32.4%

资料来源：Alireza Moghayedi，Bankole Awuzie. Towards a net-zero carbon economy: A sustainability performance assessment of innovative prefabricated construction methods for affordable housing in Southern Africa[J]. Sustainable Cities and Society，99（2023）104907.

3.4　装配化建造实例：i-yard 2.0

3.4.1　快速搭建：装配式模块化设计策略

建筑的人员组成、使用方式、使用周期存在着多元变化的可能，因此建筑的设计需要应对可变、快速、高品质的需求。为了满足新城镇养老住区的建造效率与建成品质，并符合使用周期中自由组合、功能可变、多次搭建的可能，i-yard 2.0 采用了重钢 + 轻钢的模块化装配式建造思路。在比赛仅仅 23 天现场建造的严苛要求下，模块化的装配式建造方法大大加速了建造进度。在 2018 国际太阳能十项全能竞赛期间，建筑的主体结构仅用了两天时间，第一天完成了一层六个模块的建造，第二天完成了二层三个模块的建造。

i-yard 2.0 采用九个相同尺寸的模块拼装而成，每个模块的尺寸为 9.6m×2.4m。模块的长边分为两跨，每跨 4.8m。因此，从模块拼装的角度来说，每个模块的边长都是 2.4m 的倍数，为模块的自由拼装提供了可能。2.4m 的宽度小于中国高速公路的标准尺寸，在模块预制加工完成后，可以以经济合理的运输成本运送至建设场地（图 3-8）。

3.4.2　预制构件：结构模块的"扦销"连接法

模块的连接依托于项目团队研发的"扦销"连接法，在模块的水平和垂直的结构连接中起到了重要的作用。连接结构包括以吊耳为连接节点的连接单元，连接单元用于将预应力螺杆连接，位于连接单元两端的吊耳为端部吊耳，位于连接单元之间的吊耳为中部吊耳，吊耳为空心框架结构，吊耳的上下两侧分别设有对位连接件，对位连接件之间穿过有螺杆，连接单元之间的螺杆通过螺母相互连接，其中穿过下端的端部吊耳的螺杆的一端与预埋件固定连接，螺杆与螺母用于预应力螺杆以及连接单元之间的相互连接并提供预应力拉力；对位连接件包括与吊耳连接的底板，底板上设有锥台形

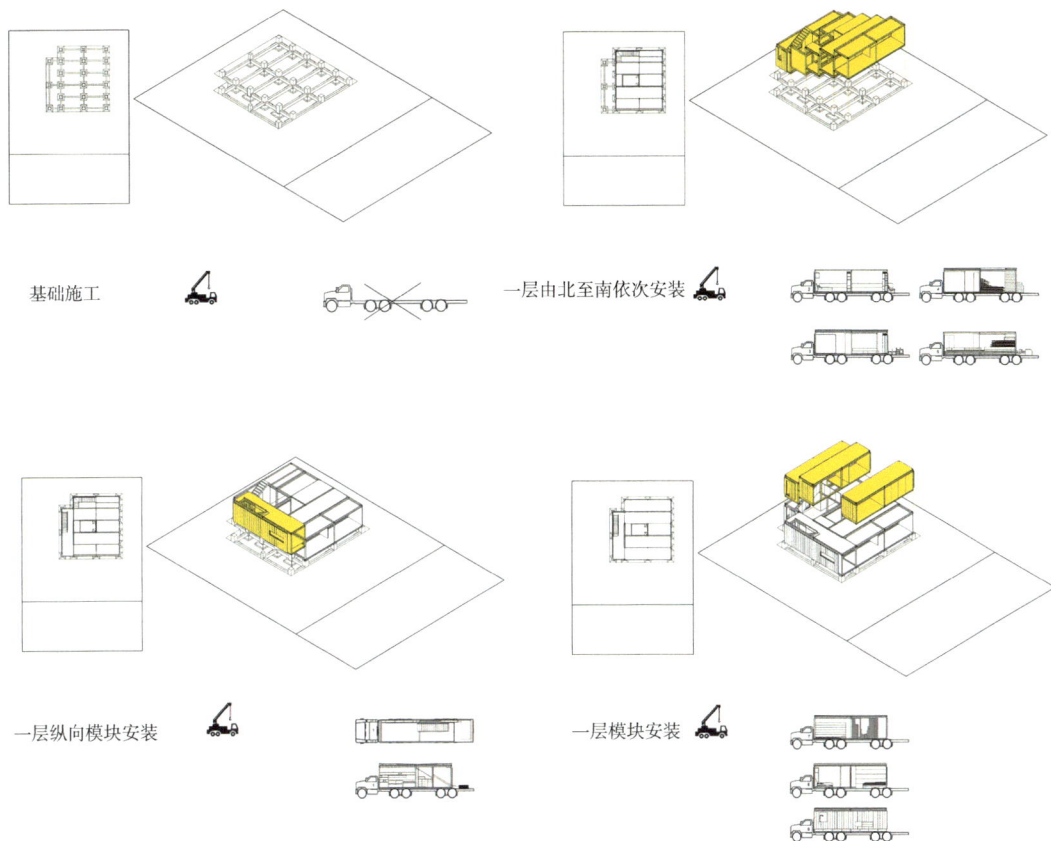

基础施工

一层由北至南依次安装

一层纵向模块安装

一层模块安装

图3-8 i-yard 2.0 模块化装配策略

定位块，在底板与定位块上分别设有位置及尺寸均相对螺杆穿过的通孔。"扦销"连接克服现有技术中存在的缺陷，提供一种钢构件模块之间的连接免焊接，具有构造简洁，传力可靠、结构整体性强等优点，而且所有的连接工作均在模块外部完成，可以和模块内部装修完美配合的建筑用模块化钢结构件间采用扦销式连接结构。因此，连接节点重点解决集成化设计，将结构体系连接处的吊装、连接、抗弯、抗剪、抗震设计集成处理，满足了模块化装配的准确定位问题（图3-9）。

3.4.3 预制集成：后挂式集成复合墙板

连接处的缝隙是模块化装配式建筑最为关键的设计节点，它是影响建筑品质的关键因素，也是模块化装配式建筑最难解决的问题之一。连接处需要妥善处理好防水和保温的问题，防止热桥，提高建筑的气密性。在 i-yard 2.0 中，在模块的连接处采用了后挂式保温集成复合墙板的构造做法。建筑的基本模数为 600mm，待模块主体框架组合完成后，在外墙处外挂集成墙体。集成构造采用反打技术，将 OSB 作为结构基层，附着气凝胶毡。在 OSB 背面贴防水透气膜，安装龙骨及饰面层。集成墙体预制完成

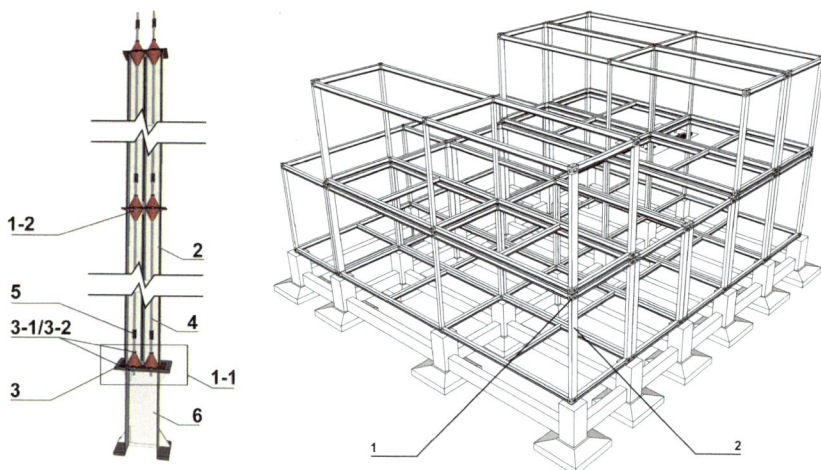

1. 吊耳；1-1. 端部吊耳；1-2. 中部吊耳；2. 柱状体；3. 对位连接件；3-1. 底板；
3-2. 定位块；4. 螺杆；5. 螺母；6. 预埋件

图 3-9 结构模块的"扦销"连接法

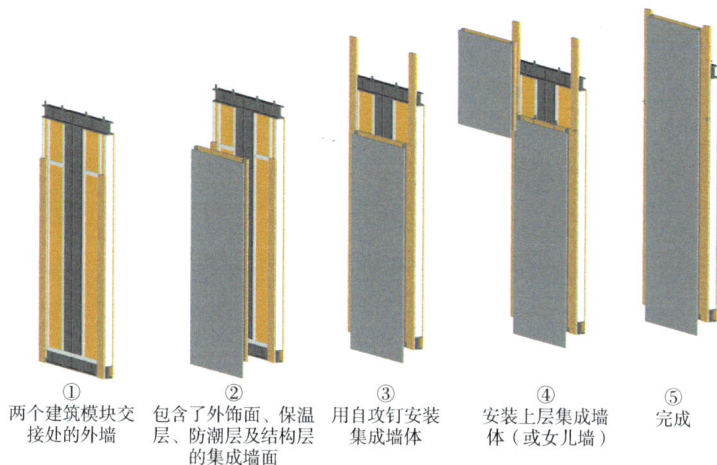

① 两个建筑模块交接处的外墙　② 包含了外饰面、保温层、防潮层及结构层的集成墙面　③ 用自攻钉安装集成墙体　④ 安装上层集成墙体（或女儿墙）　⑤ 完成

图 3-10 集成饰面、防水、保温、结构的外墙板安装步骤

后，在主体结构钢梁的预留挂件处安装集成墙板，用自攻钉牢固。这种做法集成了结构层、保温层、防潮层、饰面层，并且利于多次拆装，有利于装配式建筑的反复拆装移动（图 3-10）。

3.5 轻量化建造实例：BBBC/BBBC 2.0

3.5.1 面向应急的模块化搭建策略

在第三届国际太阳能十项全能竞赛中，针对应急救援的使用特性和运输效率，项目将单个模块总体质量控制在 225kg，可缩小到使用空间的 1/5 即 1.2m（长）× 2.4m

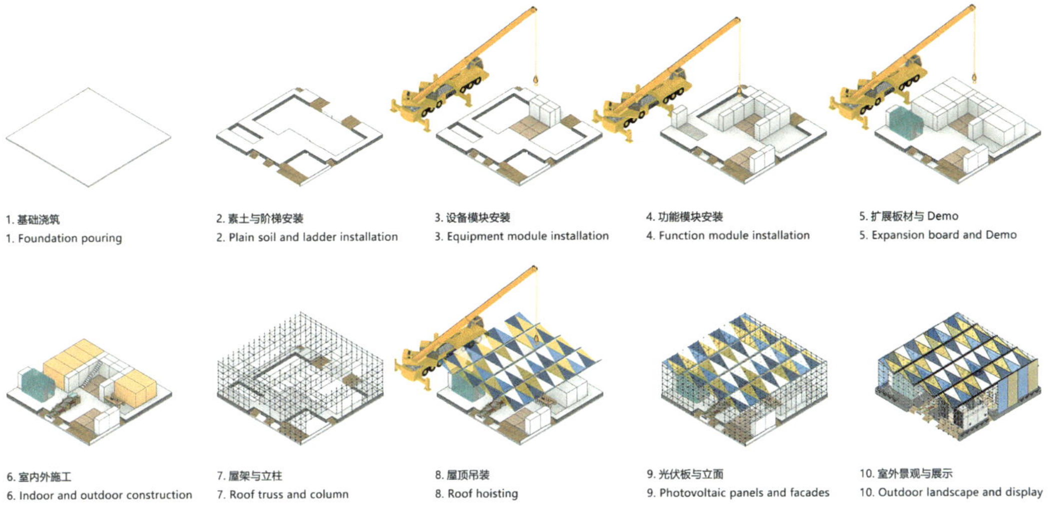
1. 基础浇筑
1. Foundation pouring
2. 素土与阶梯安装
2. Plain soil and ladder installation
3. 设备模块安装
3. Equipment module installation
4. 功能模块安装
4. Function module installation
5. 扩展板材与 Demo
5. Expansion board and Demo
6. 室内外施工
6. Indoor and outdoor construction
7. 屋架与立柱
7. Roof truss and column
8. 屋顶吊装
8. Roof hoisting
9. 光伏板与立面
9. Photovoltaic panels and facades
10. 室外景观与展示
10. Outdoor landscape and display

图 3-11 BBBC 快速搭建过程示意图

（宽）×2.7m（高），最大限度利于长途运输，减少运输成本。建筑主体框架为铝型材，具备轻质、高强、抗腐蚀性强，全铝结构能够提高建材的回收利用效率，减少建筑全生命周期的碳排放。在救灾重建结束后，各模块被循环利用，梯次循环 30 次以上，单次使用成本大幅降低。虽然 BBBC 项目是由学生作为建造主体，依然能在复杂条件下率先建造完成（图 3-11）。

Demo 居住单元模块是最基础的标准模块，既可以像帐篷也可以像一台整合的机器独立运作，也能在扩增使用空间，发展成不同功能时联合使用。在箱体落位后，配合自主研发的机械装置，底板沿着合页旋转方向和滑轮轨迹展开，配合伸缩展开的膜材支架围护结构（图 3-12），实现空间韧性的设计理念。相较于传统应急帐篷保温性能更好、耐久性更强、居住更舒适也更安全。其中，由北京交通大学抗震研究所研发

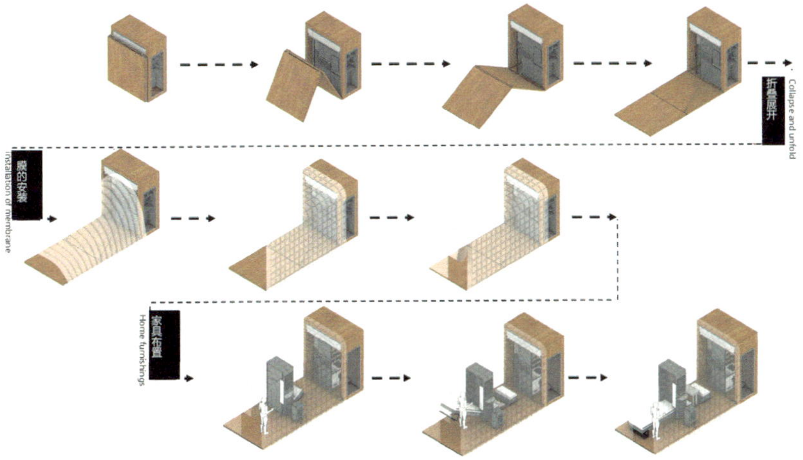
折叠展开
Collapse and unfold
膜的安装
Installation of membrane
家具布置
Home furnishings

图 3-12 BBBC 可折叠应急救援帐篷展开模式

的抗震结构和隔振基础也运用在 demo 模块当中，抵抗地震对建筑的冲击。该模块中的可翻折家具运输时收纳于预制模块核心组团 Box 中，提升了空间利用率以及功能多样性。

BBBC 采用的是工业铝型材。作为常见的制造材料，铝型材具有与同等体积钢、铜或黄铜材料重量的三分之一，其材性具有优良的机加工性能，可制造为多种工业化标准构件。此外，铝具有极高的回收性，再生铝的特性与原生铝几乎没有性能差别，是一种典型的可持续绿色建材。在大多数环境条件下，包括在空气、水（或盐水）、石油化学和很多化学体系中，铝能显示优良的抗腐蚀性。因此，铝材在可持续应急空间中，体现出了材料循环利用、工业化加工与建造、轻质耐久等优势。在 BBBC 策略中标准模块的尺度下（ 1.2m×2.4m×2.7m ），轻质的结构重量可采用叉车搬运，摩托车托运的交通方式，对灾后路面交通的要求较低，利于快速深入交通不便的受灾地区展开紧急救援和居民安置。基于铝框架和铝材围护结构的全铝建筑的建造方法以及节点优化设计，BBBC 项目优化了设计构建与连接方式，在短期的时间内满足快速建造的要求（ 图 3-13～ 图 3-22 ）。

铝型材的回收率极高，可以达到 90% 以上，属于绿色建筑材料的一种。模块化的设计实现了模块的快速拆装和重复利用，结构体系使模块梯次循环使用达到 30 次以上，从而大大降低了建筑单次使用的成本。板墙之间采用了利于快速搭建的门栓式重型锁扣，每个锁扣的最大夹持力达到 3000kg，每个墙板上两个垂直边和一个水平边各 3 个锁扣，共 9 个锁扣，与底部一字板连接，共同实现墙体承重的稳固结构。

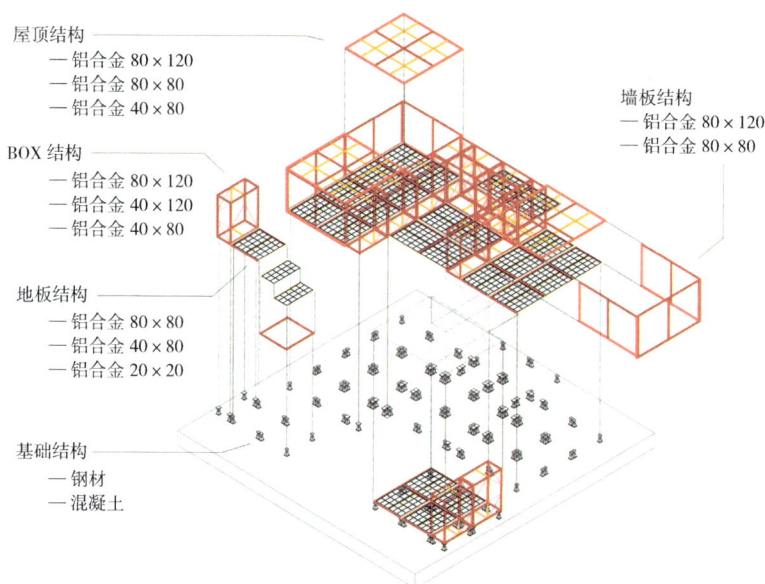

图 3-13　BBBC 的铝型材建筑结构（mm）

产品描述	截面积（mm²）	惯性矩 Ix（cm⁴）	惯性矩 Iy（cm⁴）	弯矩 Wx（cm³）	弯矩 Wy（cm³）	重量（kg/m）	订购编号
40 系列 40x40 2 槽 R 型	477.42	6.88	6.88	3.03	3.03	1.29	AA40-4040-2-R-□
40 系列 40x40 3 槽	536.35	9.05	8.69	4.46	4.35	1.45	AA40-4040-3-□
40 系列 40x40 4 槽 超轻型	468.51	7.44	7.44	3.72	3.72	1.27	AA40-4040-4-SL-□
40 系列 40x40 4 槽 轻型	528.89	8.73	8.73	4.37	4.37	1.43	AA40-4040-4-L-□
40 系列 40x40 4 槽	569.89	9.20	9.20	4.60	4.60	1.54	AA40-4040-4-□
40 系列 40x40 4 槽 重型	728.64	11.60	11.60	5.80	5.80	1.97	AA40-4040-4-H-□
40 系列 40x80 6 槽 超轻型	858.24	14.55	52.74	7.28	13.19	2.32	AA40-4080-6-SL-□
40 系列 40x80 6 槽 轻型	903.48	15.98	59.66	7.99	14.92	2.44	AA40-4080-6-L-□
40 系列 40x80 6 槽	973.88	16.83	63.86	8.42	15.97	2.63	AA40-4080-6-□
40 系列 40x80 6 槽 重型	1321.39	22.45	81.46	11.23	20.37	3.57	AA40-4080-6-H-□
40 系列 40x120 8 槽	1377.88	24.45	196.47	12.23	32.75	3.72	AA40-40120-8-□
40 系列 40x120 8 槽 重型	1914.14	33.31	257.20	16.66	42.87	5.17	AA40-40120-8-H-□
40 系列 40x160 10 槽	1781.87	32.07	439.35	16.04	54.92	4.81	AA40-40160-10-□
40 系列 40x160 10 槽 重型	2506.88	44.15	585.90	22.08	73.24	6.77	AA40-40160-10-H-□
40 系列 80x80 8 槽	1535.25	110.89	110.89	27.72	27.72	4.15	AA40-8080-8-□
40 系列 80x80 8 槽 重型	2103.58	149.26	149.26	37.32	37.32	5.68	AA40-8080-8-H-□
40 系列 80×120 10 槽	2918.74	223.62	451.8	55.91	75.3	7.88	AA40-80120-10-□

图 3-14　BBBC 的铝型材建筑结构清单

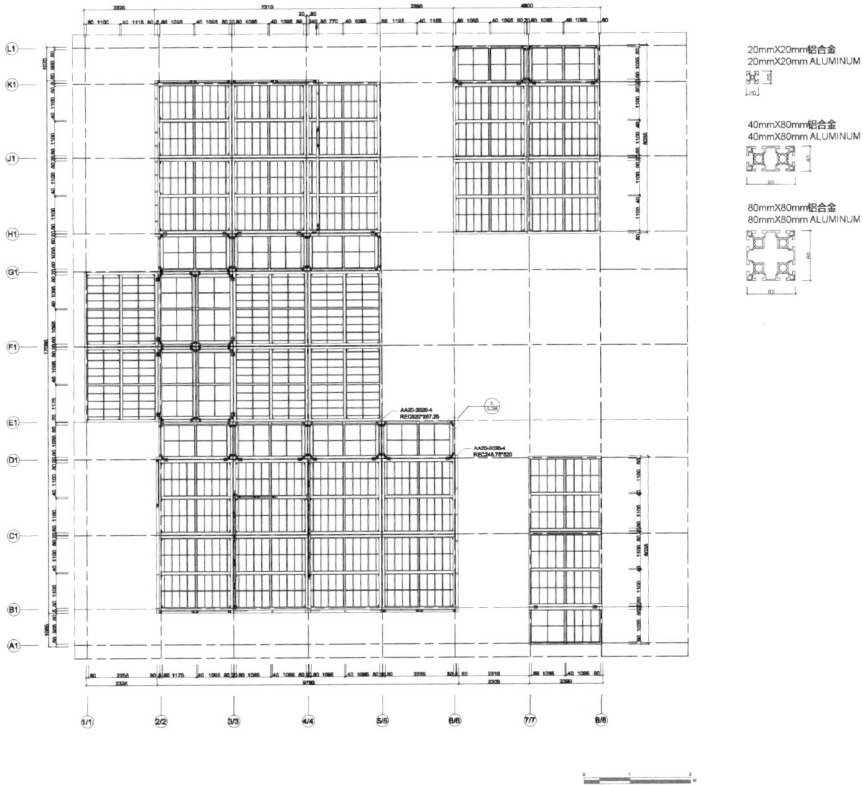

图 3-15　BBBC 一层结构平面图

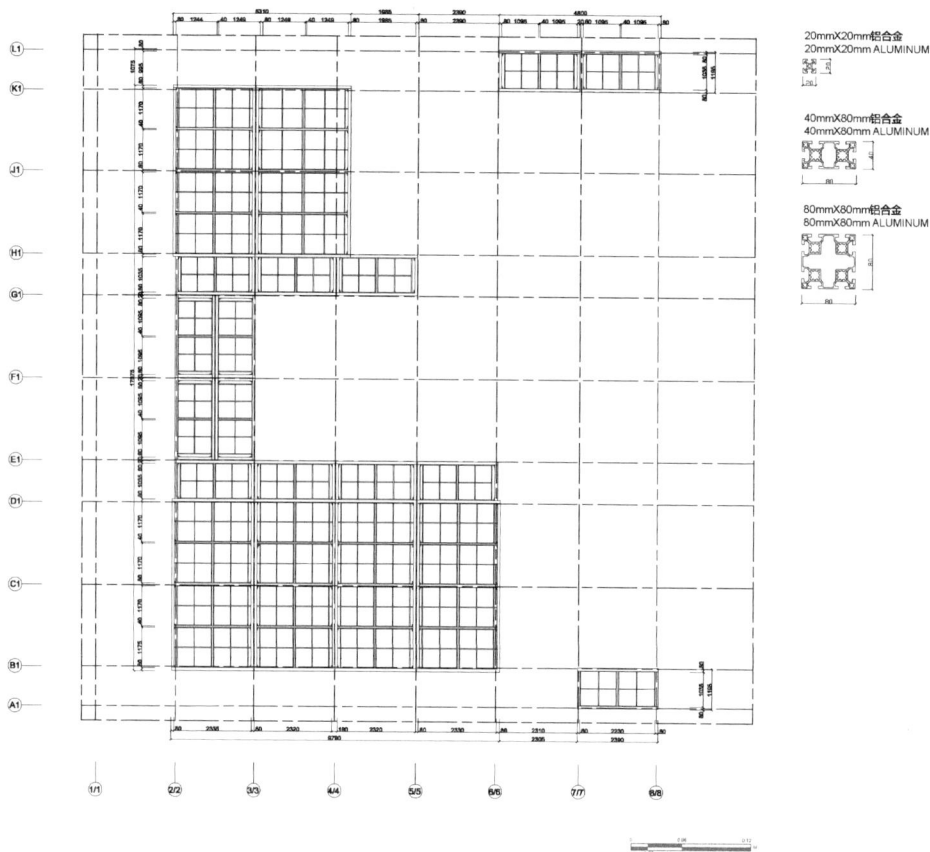

20mmX20mm铝合金
20mmX20mm ALUMINUM

40mmX80mm铝合金
40mmX80mm ALUMINUM

80mmX80mm铝合金
80mmX80mm ALUMINUM

图 3-16　BBBC 二层结构平面图

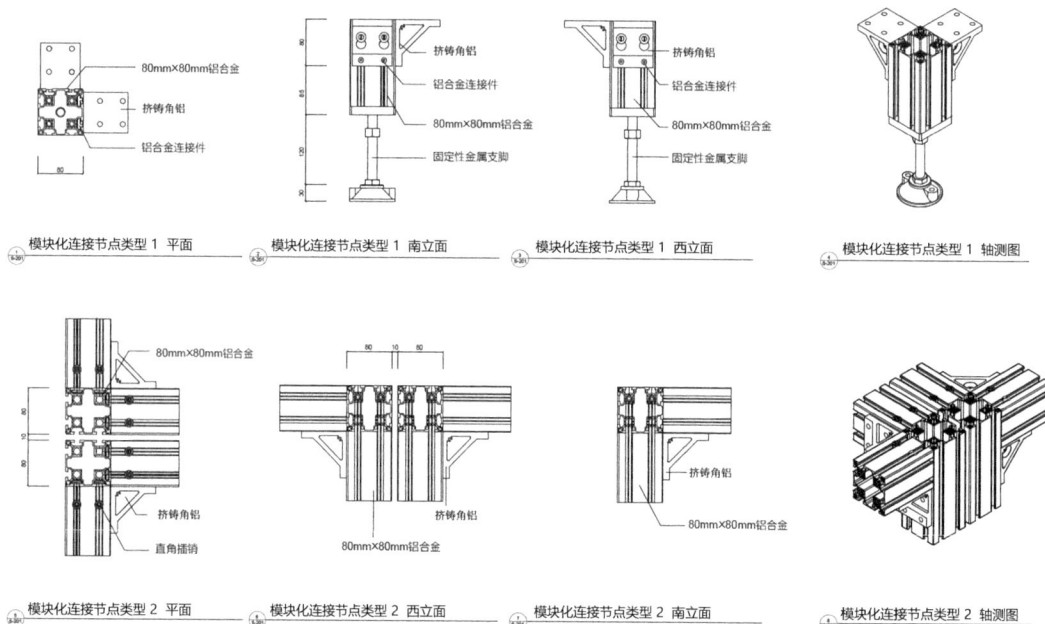

80mmX80mm铝合金

挤铸角铝

铝合金连接件

模块化连接节点类型 1 平面

挤铸角铝

铝合金连接件

80mmX80mm铝合金

固定性金属支脚

模块化连接节点类型 1 南立面

挤铸角铝

铝合金连接件

80mmX80mm铝合金

固定性金属支脚

模块化连接节点类型 1 西立面

模块化连接节点类型 1 轴测图

80mmX80mm铝合金

挤铸角铝

直角插销

模块化连接节点类型 2 平面

80mmX80mm铝合金

挤铸角铝

模块化连接节点类型 2 西立面

挤铸角铝

80mmX80mm铝合金

模块化连接节点类型 2 南立面

模块化连接节点类型 2 轴测图

图 3-17　铝型材的连接方式

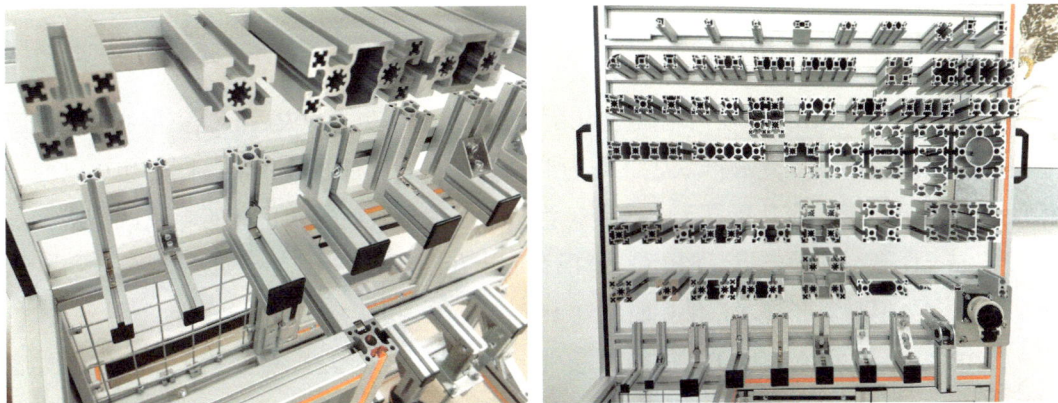

图 3-18　铝型材结构断面照片

（a）　　　　　　　　　　（b）　　　　　　　　　　（c）

图 3-19　铝框架预搭建现场照片

图 3-20　建筑模块整体吊装

图 3-21　建筑板墙系统

图 3-22　门栓式重型锁扣连接

3.5.2　全铝建筑的轻量化建造

BBBC 2.0 是在 BBBC 项目基础上的市场应用转化。功能为灾后向受灾群众提供的应急庇护场所，妥善安排受灾群众生活，为群众提供基本居住生活保障，同时也可以通过模块的排列组合形成应急指挥、办公区，为救援队提供临时办公区，符合灾区需求，是救灾备灾工作有力硬件支撑。BBBC 2.0 已存放于在四川省红十字应急物资储备中心，纳入省红十字会捐赠资产管理，使用时由红十字会赈济救援队负责搭建及回收（图 3-23）。

BBBC 2.0 研发时在 BBBC 的原型基础上做了简化，将功能更聚焦于基本的临时庇护功能，但是延续了 BBBC 的模块化、空间折叠的思路（表 3-4）。整体设计面向工业化标准化生产，可实现快速批量化制造。具体来说，BBBC2.0 的特征为如下几个方面：

（1）折叠空间：为了保证建筑两翼的平衡性，在建筑两侧对称设置折叠空间，并进一步减轻折叠构件的重量，从而实现高效收放。单个模块无须机械设备辅助，仅需 2~3 个成年人 5 分钟徒手即可完成折叠收放（图 3-24）。

（2）超轻结构：建筑的结构和围护均采用铝材，具有质量轻、强度高、耐腐蚀等优势，结构铝型材采用定制化的铝型材断面，减少建筑构件的冗余，优化建筑空间尺寸。按照备灾仓库货架尺寸要求，每个模块长 2.4m× 宽 1.4m× 高 2.7m，以便存储（图 3-25）。

（3）高效运输：折叠的空间拥有高压缩比 1：4，在运输、储存、安装、循环经济方面大幅降低成本。为了满足货架尺寸要求并方便运输，所有模块均以折叠的状态装车入库，使用时展开。

（4）围护结构一体化：由于建筑围护结构采用蜂窝铝板，轻质高强，不同厚度的板材适用于建筑的顶板、地板以及墙面。此外，蜂窝铝板具有很好的内外饰面效果和防水、防腐性能，无需二次装修。

（5）集成家具：室内高度集成了必要的生活设施，满足灾后生活的基本需求。例如桌椅、双层的架子床也采用了可折叠的铝型材结构，收纳于箱体的中间，随箱体模块一同运输，在箱体中预埋好了螺栓等构件，方便运输以及使用过程中的家具固定（考虑二次发灾的晃动）。

（6）循环使用：BBBC 2.0 的建筑模块可循环使用，符合应急救灾情况下临时收放，随时转移，梯次循环再利用的需求，这样降低了建筑模块单次使用的成本，也使灾后应急救援更加可持续化。

BBBC 2.0 的技术参数　表 3-4

内容	参数
折叠收纳尺寸	2.4m 长 ×1.4m 宽 ×2.7m 高
展开后尺寸	大于 13m²

续表

内容	参数
建造时间	4~5min
建造人数	小于 4 人
建筑材料	主体结构为铝型材，围护结构为蜂窝铝板
墙体传热系数	小于 0.5
防水	企口连接，披水做法
建筑重量	小于 1t
基础做法	可调平支座，可调节范围＞ 50mm
窗户	1 扇，尺寸大于 600mm×1150mm，可开启，有纱窗
门	走廊两端两个门，可替换成墙体
安全性	无倾覆危险
防火	B1 级
光伏	屋面满铺光伏系统，柔性光伏，系统效率＞ 17%，含逆变器
吊装	顶部预留吊耳

（a）

（b）

（c）

（d）

（e）

图 3-23　BBBC 2.0 的建成照片

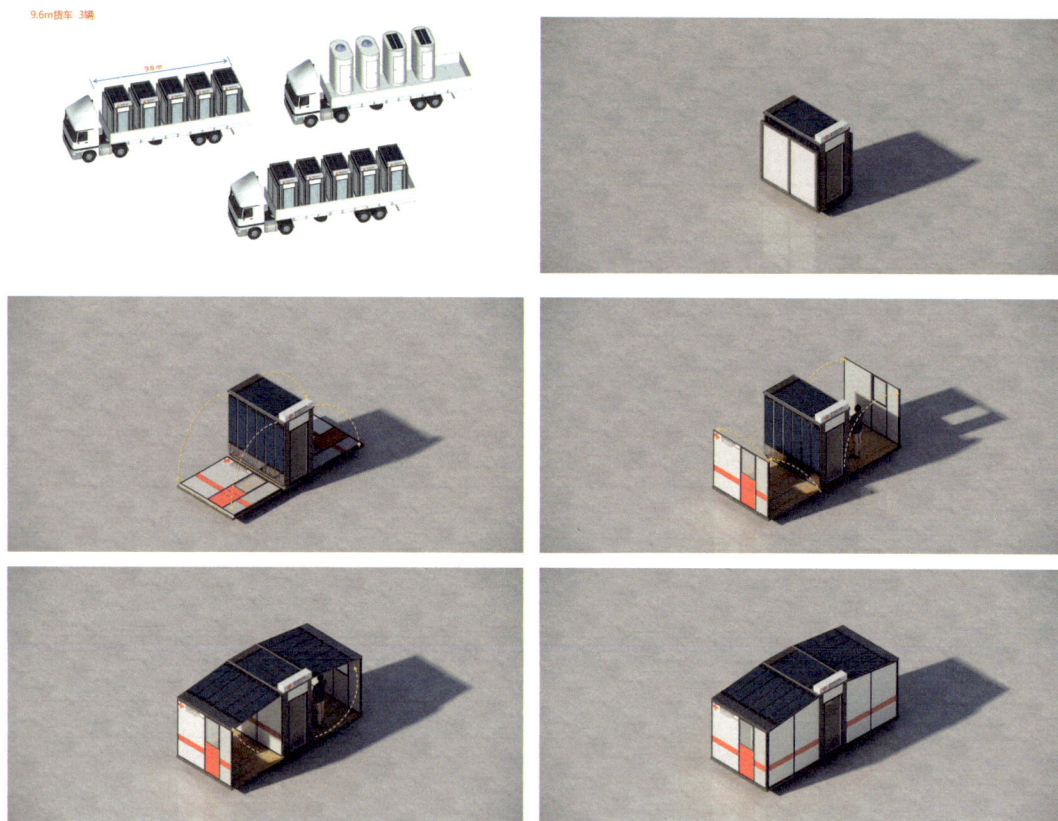

图 3-24 BBBC 2.0 的折叠 / 打开方式

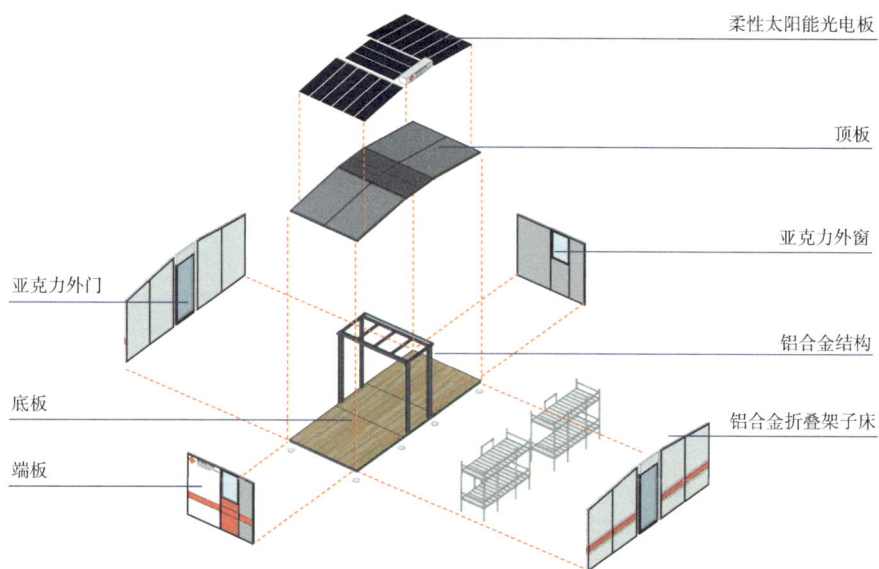

图 3-25 BBBC 2.0 的爆炸结构图

3.6　回收材料再利用实例：梦里老家

在建筑的材料与建造环节中，国际上已经提出了"3R"制造的概念。在一些研究中，还将"3R"原则扩展到了"4R""5R"的更广泛领域。可持续的"3R"原则通常指的是"减少"（Reduce）、"重复使用"（Reuse）、"回收"（Recycle）。这些原则旨在鼓励人们减少资源消耗、减少废物产生，从而减少对环境的负面影响，同时延长资源的使用寿命。

减少（Reduce）：减少资源的使用，降低废物产生。这包括节约能源、水资源和原材料，减少浪费。在建筑的设计和建造中，通过合理的选材、集约的空间、标准化预制化的构件降低建筑对资源的消耗。

重复使用（Reuse）：重新使用产品或物品，以减少废物量。这可以通过修复损坏的建筑部品或使用可重复使用的建筑构件来实现。重复使用可以降低废弃物的产生，延长物品的寿命，减少对新资源的需求。在既有建筑改造再利用中，重复使用建筑模块或者部件，以降低资源消耗。

回收（Recycle）：将废物材料重新加工成新的产品，以减少对原始资源的需求。回收可以涵盖多种材料，包括纸张、塑料、玻璃、金属等，并将其转化为新的可用产品，减少垃圾填埋和焚烧的需求，有助于保护环境。或是从建筑设计层面探寻便于未来的拆除和材料回收的技术策略，以降低拆除时的废物量。

3.6.1　再利用——传统窑洞的改造更新

梦里老家项目是在中国的传统乡村中基于可持续理念的一次尝试，在传统的废弃窑洞区域，重新改造利用。项目坐落于河南省登封市的周山村，位于登封市大冶镇区东部，香山脚下。东与新密市平陌镇香山村接壤，南与宣化镇三岔口村相连，西与桥板河村搭界，北与塔湾村相接，距大冶镇区2.5km，是香山省级森林公园的重要组成部分。

传统建筑蕴含着乡村的当地文化，承载着村民的集体记忆。梦里老家的团队抱着保护当地文化的初衷，在发动当地老年人写村史的过程中，关注到了传统窑洞虽外部杂草丛生，但内部却保留得很好，如果任其荒废坍塌非常可惜，因此借由修复窑洞，留住人们对家乡的记忆。在窑洞的改造建设的过程中，设计团队一直在寻找乡村发展的方向，但乡村的发展不一定是一直在往前发展，节省、环保、废物利用等"减法式发展"也在促进着环境的可持续发展，因此团队鼓励村民捐出旧物、收集废料来做建设。通过建筑提供自由、平等的平台，鼓励社区参与，在社区工作者的促进下，人们能建立关系，产生和贡献想法，整个村庄也在可持续的路径上慢慢向前发展。窑洞的主要建筑材料是土壤，土是一种取自自然的生态建筑材料，除了人力和机械的成本之外，材料本身没有经济成本和环境负荷。用于窑洞周边的广场、道路、景观的建造材料也尽最大可能采用回收的废旧材料，它们有的是建筑材料，例如建筑废料（使用前破损）、拆除废料（砖块、水泥块、砖瓦），有的是废旧的家具家电、包装瓶等，这些材料都不属于自然材料，具有隐含碳排放，因此再次的利用既减少了建筑材料的购买成本，又减少了隐含碳的排放。村民们共同建造，亲手设计和搭建的文化墙、景观广场具有了深刻的教育意义，并且更具有周山村特有的地方印记（图3-26）。

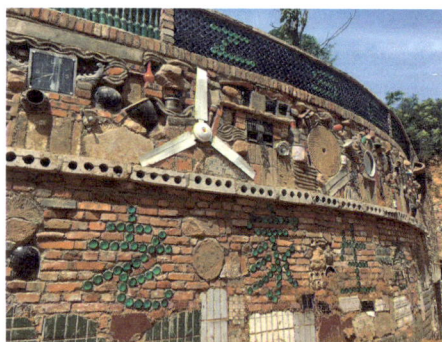

（a）回收材料建造的生态景观墙 （b）回收材料建造的局部

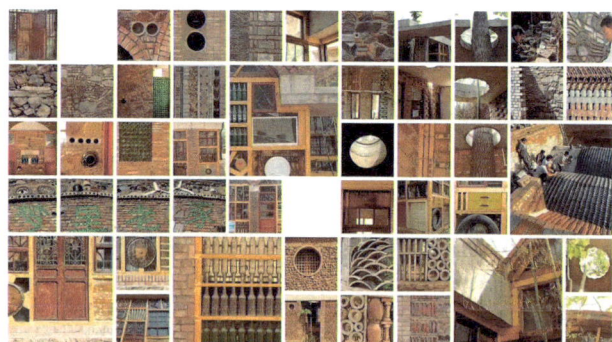

（c）回收材料建筑

（d）窑洞

图3-26　河南周山村梦里老家的窑洞建筑群

资料来源：项目组。

3.6.2 低碳建造：雨水景观循环利用

周山村地区属北温带大陆性季风气候，冬季漫长干冷、雨雪稀少，夏季炎热难耐、降雨集中，旱涝灾害交替发生。2021年郑州"7·20"特大暴雨共造成河南省150个县（市、区）1478.6万人受灾，因灾死亡失踪398人，直接经济损失1200.6亿元，灾害也导致城市出现严重内涝、乡村出现积水难排的现象。然而，2023年，正值夏季汛期阶段，河南又面临抗旱三级响应，截至8月4日，河南省因干旱吃水困难群众71.1万人，秋粮受旱面积2714万亩。平顶山市被高温笼罩，持续的干旱少雨使得该市的最大水源地，白龟山水库的蓄水量由最高时的6亿 m^3 降到仅5000多万 m^3，是近二十年来最少的蓄水量，居民用水和农业用水受到较大影响。"旱涝不均"的情况频繁出现在河南地区，对于乡村居民的吃水用水提出了双重挑战。为减缓旱涝灾害对乡村生活的影响，进一步了解乡村水系统参与性营建的重点，设计团队希望通过本次实践的开展，通过深入了解周山村梦里老家的背景故事和建造历程，通过充分与当地的营造者、建筑师、村民沟通交流，以期共同形成适宜周山村梦里老家的水系统参与式建造路径（图3-27）。

乡村的雨水收集循环利用的景观，从碳排放的角度来看，主要包括了建筑材料的隐含碳、机械施工和材料运输的碳排放、设备的运行碳排放三个方面。周山的雨水

图3-27 地块周边废料
资料来源：项目组。

收集景观在建筑材料上大量收集了村域范围 2km 以内的废旧建筑材料，包括施工废料以及旧建筑拆除废料，用于铺设道路、坡面硬化以及雨水花园（圆形水池）的建造（图 3-28～图 3-34）。场地内碳排放最高的是雨水蓄水池，由于体积和强度的要求，建造采用了低技术的建造手段，砖与水泥取自当地 10km 范围内的工厂。蓄水池的体积为 26m³，相当于一个家庭 50 天的用水量。通过沉淀—过滤—再沉淀—再过滤的物理方式净化雨水，可用于生活用水、冲厕用水和植物浇灌。

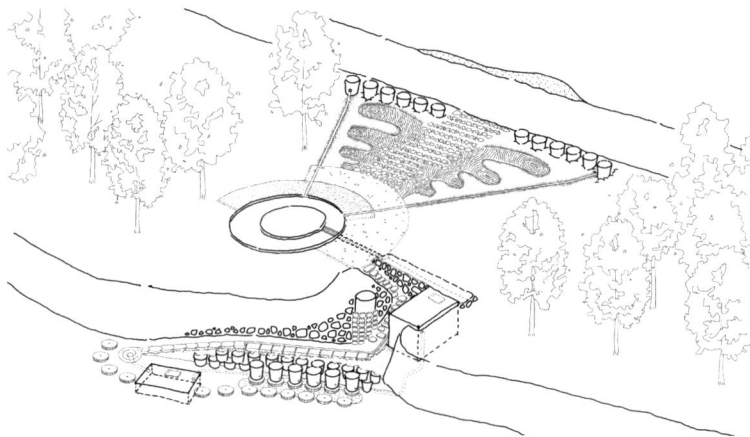

图 3-28　周山雨水花园设计概念图
资料来源：项目组。

图 3-29　周山雨水花园平面图
资料来源：项目组。

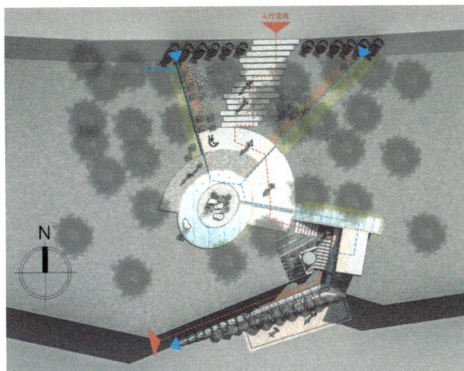

图3-30 周山雨水花园行为与流线
资料来源：项目组。

图3-31 周山雨水花园设计效果图
资料来源：项目组。

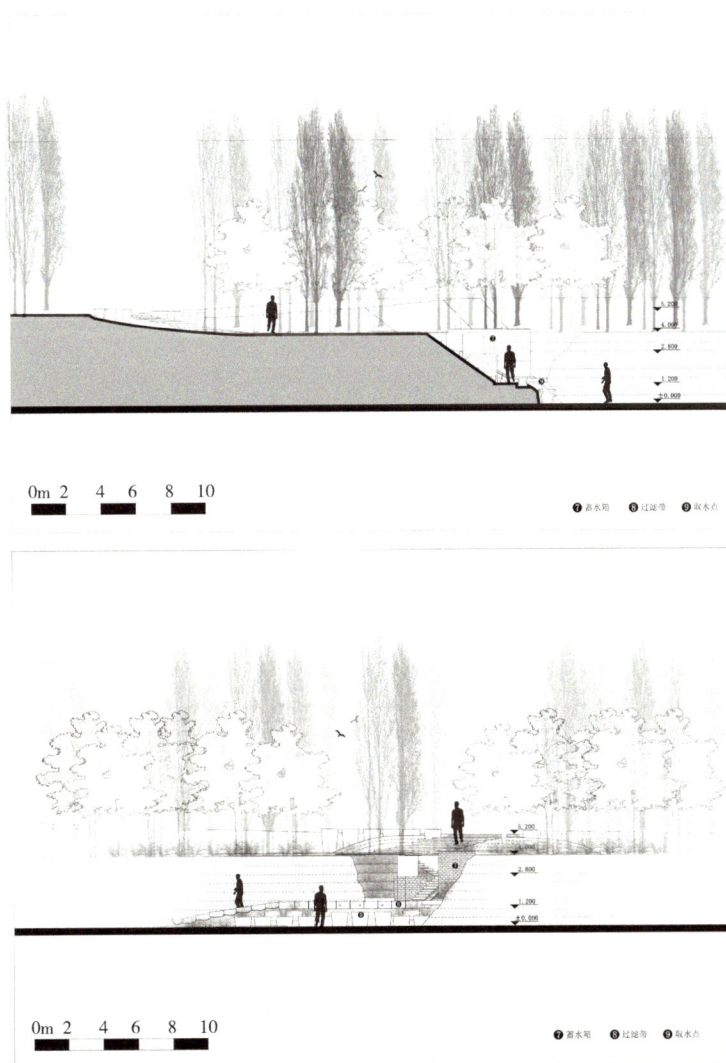

图3-32 周山雨水花园设计概念图
资料来源：项目组。

图 3-33　低碳建造——蓄水池
资料来源：项目组。

图 3-34　低碳建造——圆形水池
资料来源：项目组。

3.7 可再生材料的利用实例：半土半木

"半土""半木"是项目团队参加 SFC 2024 的设计作品。SFC 2024 强调建筑的生物多样性主题，项目位于河北省张家口市康保县的康巴诺尔国家湿地公园南侧 1.6km 处。康巴诺尔湖是国家一级保护动物遗鸥之乡，还因其丰富的鸟类资源而闻名，拥有 146 种鸟类以及 10 万多只水鸟。出于生物多样性的考虑，建筑的建造也应尽最大限度地减小环境负荷，降低碳足迹。"半土""半木"的灵感来自于鸟巢的材料"树枝—泥"，用鸟类的唾液增强鸟巢结构的强度和耐久性。因此，建筑的材料就地取材，采用当地的木、土等材料，与环境和谐共生，并尽量减少外界材料的进入，回应如何尽最大限度减少建筑的隐含碳排放的问题。

团队基于可持续设计理念，贯彻近零排放目标，创造了"半土"和"半木"两个作品。"半土"和"半木"并非两个完全独立的作品，两者组合在一起才是一体，可以说是一体两面，"半土"也即"半木"（图 3-35）。团队的核心设计理念是利用可再生材料和实现近零排放，具体落实在建筑材料和建造模式的优化和设计上有以下方面。首先，采用可再生材料减少隐含碳排放，即生物基和土基材料，土基材料是近零隐含碳材料，具有就地取材、可重复利用、施工便捷等特点，同时采用土基材料作为建筑主

图 3-35 "半土""半木"总平面图

要材料之一，可以减少混凝土、钢筋等高隐含碳材料的使用；而生物基材料是负隐含碳材料，可在生长和再生过程中吸收碳，间接减少隐含碳排放，同时生物基材料也是一种可持续绿色材料，在到达使用年限后，可以被环境无污染、无危害地吸收净化，减少对环境的破坏。其次，对传统的建造模式进行优化，采用木结构的装配预制模式、浇筑土混合技术以及再生式被动设计等。木结构的装配预制模式提升了建造效率，降低了运输成本；浇筑土混合技术减少了混凝土等高碳材料的使用；被动式节能设计减少了主动式设备的使用，降低了能源消耗。团队在满足建筑室内外环境舒适度的基础上，从隐含碳和运行碳两个角度，实现了近零排放的目标。

"半木"作品采用了相对开外、灵动的空间布局。建筑主体采用集中式分布策略，主要功能空间围绕核心烟囱四周分布，减小了建筑整体体形系数，降低了能耗损失。同时，北侧墙体采用开窗较少的浇筑土墙，通过厚重的墙体和土壤自身优越的保温隔热性能阻挡北风的侵袭，维持室内环境的稳定；而在南侧则是采用开窗较多同时较为轻巧的秸秆墙为主。开放式庭院则是增加了使用者和周边动植物和水系的互动体验（图 3-36~ 图 3-38）。

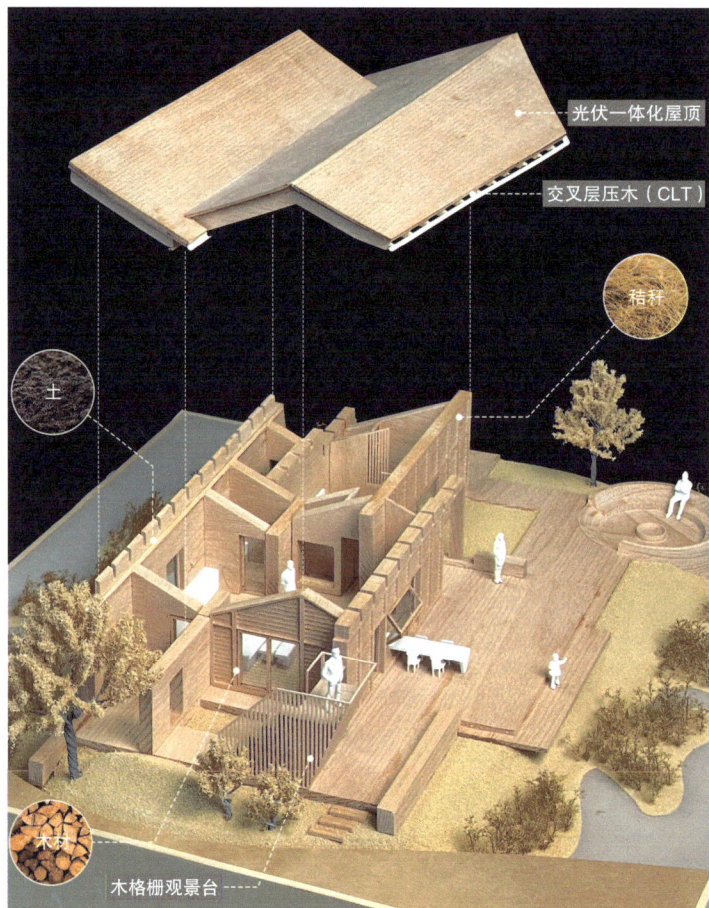

图 3-36 "半木"模型

① 光伏屋面
② 屋面板
③ 找坡层
④ 保温层

总体技术策略

光伏建筑一体化

被动式太阳能利用

保温墙体

装配式建造

生物质能源

① 支模
② 浇筑土
③ 吊装
④ 秸秆包

③

④

④

②

②

①

①

⑤

⑥

⑦

① 客厅区　　　⑤ 会客区
② 厨房　　　　⑥ 庭院
③ 卫生间　　　⑦ 瞭望台
④ 卧室

图 3-37　"半木"的总体技术策略

图 3-38　"半木"的一层平面图

"半土"作品采用了相对封闭、内向的空间布局。建筑主体位于场地北侧，包含室内使用功能；围墙主要位于场地南侧，界定室外活动功能。通过建筑主体和南侧的围墙，隔绝内外空间，把主要活动和交流区域设置在相对安静舒适的内庭院和建筑室内，隔绝西侧城市道路日常的负面影响，例如噪声、尾气等。主体建筑采用相对规整的方形，减少建筑的体形系数；采用本土化和生态化的建筑材料；增加与动植物互动的空间和装置（图 3-39~图 3-41）。

3.7.1 预制浇筑土技术

设计选用了土基材料作为建筑主要材料之一，并采用浇筑土混合建造方式。浇筑土混合建造方式是一种全新的土基材料建造手法，其具体流程类似混凝土浇筑，但较少使用或者完全不使用水力黏合剂，浇筑可以加快施工进程，减轻生产设备和人力的复杂性，同时大大降低隐含碳的排放。预制浇筑土技术结合了传统土建材料与现代装配式建筑方法的创新技术。这种技术通过优化土材料的配方和浇筑过程，使得建筑构件可以在工厂预制，然后运输到建筑现场进行快速组装。不仅加快了建筑过程，还因

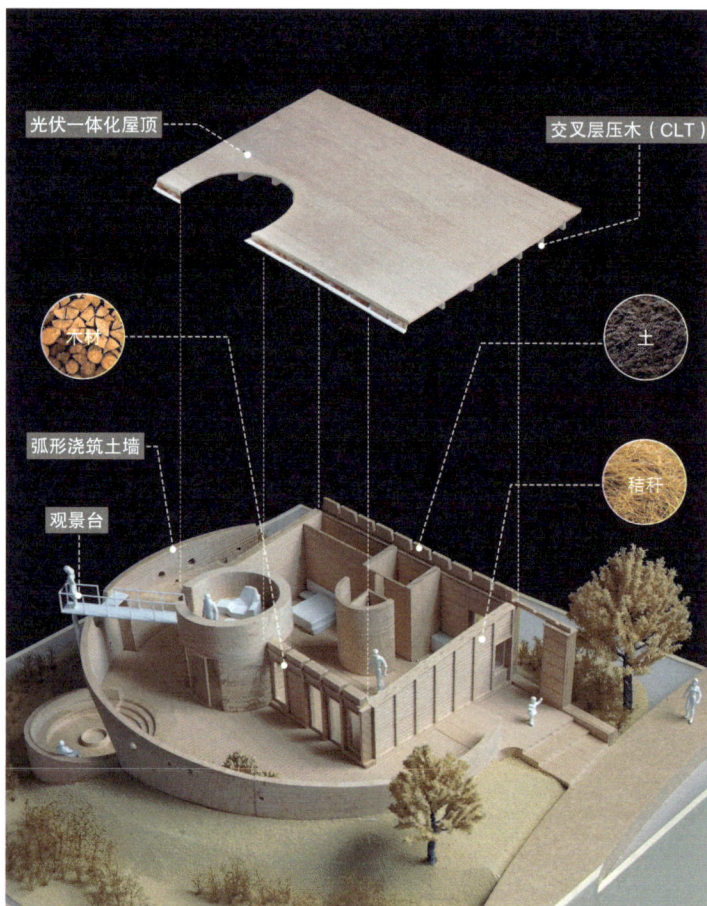

图 3-39 "半土"模型

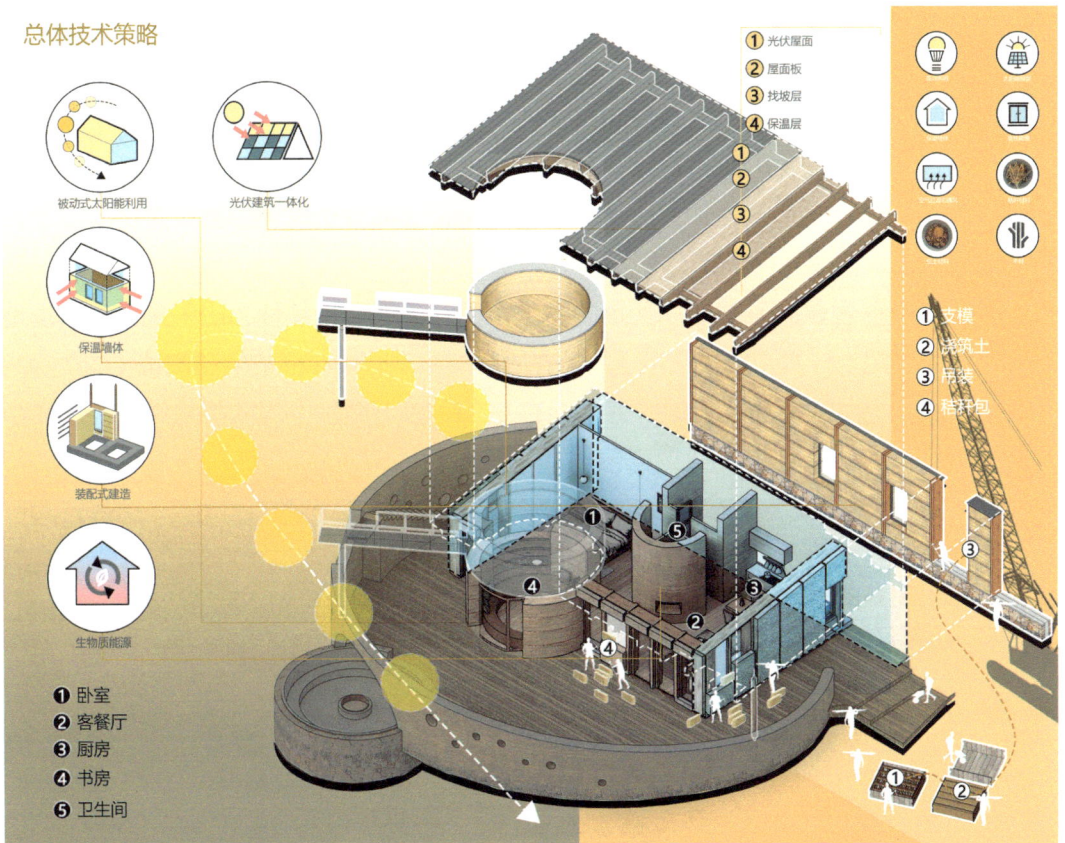

总体技术策略

被动式太阳能利用

光伏建筑一体化

保温墙体

装配式建造

生物质能源

① 卧室
② 客餐厅
③ 厨房
④ 书房
⑤ 卫生间

① 光伏屋面
② 屋面板
③ 找坡层
④ 保温层

① 支模
② 浇筑土
③ 吊装
④ 茅秆包

图3-40 "半土"的总体技术策略

图3-41 "半土"的一层平面图

其高效率和减少现场施工活动而降低了建筑过程中的碳排放和劳动力成本。使用特制的模具在工厂内预制土质建筑元素，包括墙体、屋顶板等。采用自然土壤，可能添加少量非水泥类结合剂，以提高强度和耐久性，同时保持材料的可持续性。由于土本身具有良好的隔热性能，因此建筑物自然具备优越的能源效率。这种技术可以根据不同气候和地理环境调整构件设计，适用于乡村住宅、抵御自然灾害、帮助经济较弱的社区快速建立成本低廉的住房等类型。

为了让土基材料满足建造和使用的安全性、舒适性和持续性，团队采集建造场地内不同深度的泥土样本，并将其运送到瑞士团队实验室开展相应的实验测试（图 3-42~图 3-44）。瑞士团队在浇筑土的研究上具有一定的知识储备，团队将从设计需求、当

图 3-42　实验过程阶段

图 3-43　浇筑土的构造实验

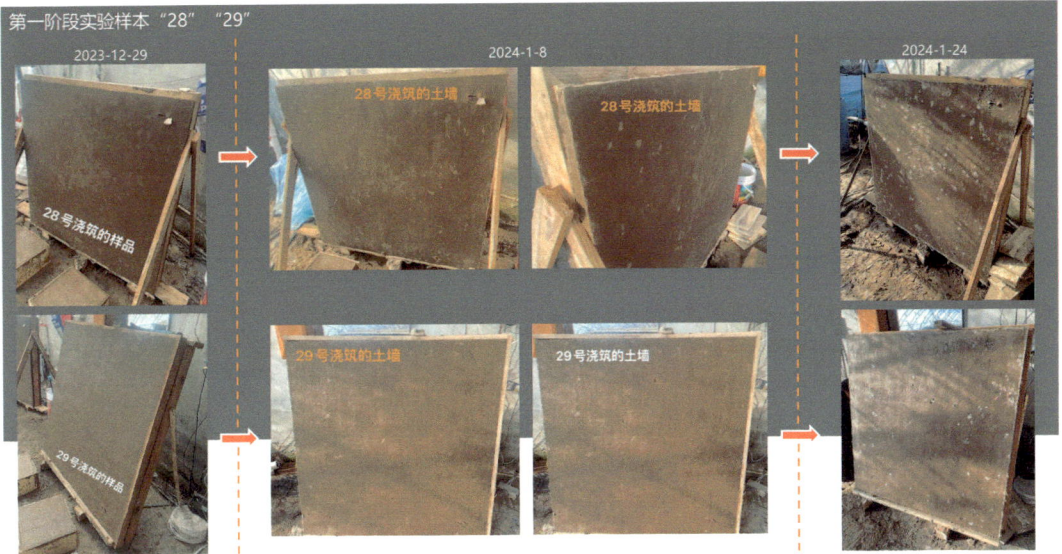

图3-44 浇筑土的配比实验

地土壤样本以及环境条件等因素出发，对浇筑土的配比、选材、建造等方面开展研究测试，最终设计出适用的浇筑土方案（图3-45）。

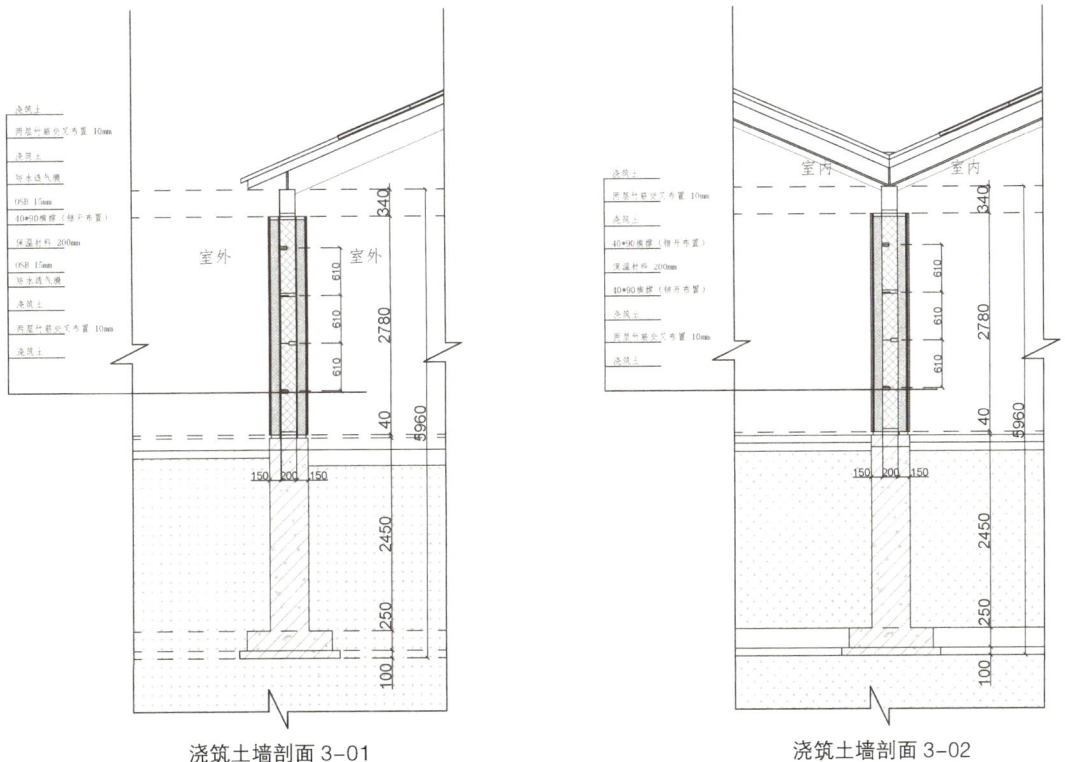

浇筑土墙剖面 3-01

浇筑土墙剖面 3-02

图3-45 "半木"的浇筑土墙身构造

3.7.2 生物基材料的保温做法及热计算

秸秆和稻草是当地最易获取、最易使用和最易回收的生物基材料，是一种绿色环保性材料。团队通过瑞士实验室对秸秆和稻草的各项数据进行分析处理和模拟测试，最终确定适合比赛场地环境的选型。材料主要用于墙体和屋顶，用于建筑墙体，不仅利用稻草和秸秆自身优秀的保温隔热性能实现建筑室内环境的舒适性，同时也作为主要的外装饰材料体现了本土化材料的美感和特点，实现了美观和实用的统一（图3-46~图3-48）；用于建筑屋顶填充，保证屋顶自身的保温隔热性能，减少传统高碳保温材料的使用。

在热性能方面，设计考虑了秸秆作为夹心保温、外保温和只利用秸秆作为墙体建构的三种可能性。由于张家口康保县处于严寒地区，全年平均温度为 $-4℃\sim10℃$。冬季最低气温达 $-37.4℃$，为全省最低。因此围护结构的保温做法是建筑热性能表现的关键要素。根据SFC组委会对热环境性能的要求，建筑设计的墙体传热系数需小于等于 $0.25W/（m^2 \cdot K）$，屋顶需小于等于 $0.20W/（m^2 \cdot K）$。根据模拟计算，半土半木的墙体采用200mm厚的秸秆夹心保温，其传热系数为 $0.22W/（m^2 \cdot K）$，屋顶采用300mm厚的秸秆—木框架的构造做法，其传热系数为 $0.16W/（m^2 \cdot K）$，以满足当地热舒适度需求和竞赛的要求。

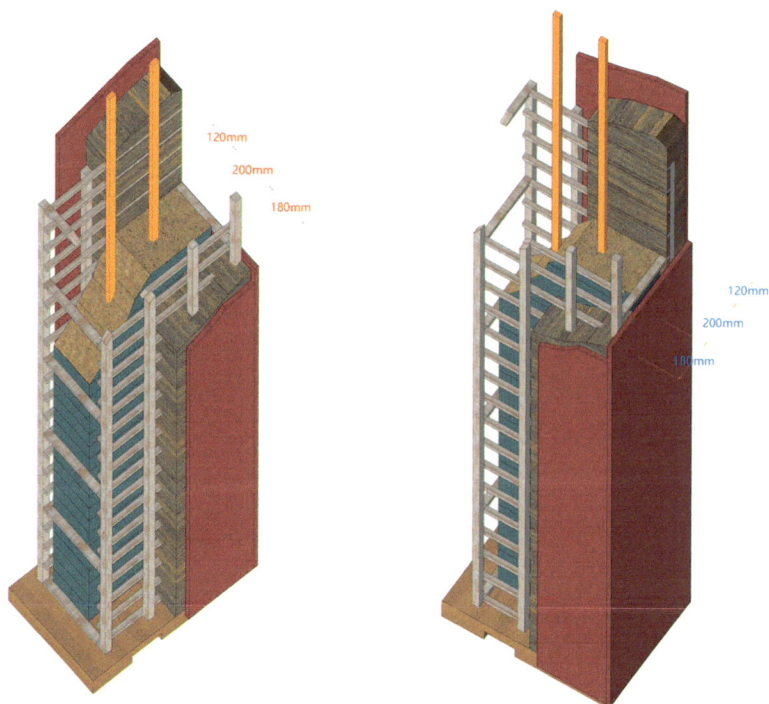

图3-46　秸秆保温的构造模型

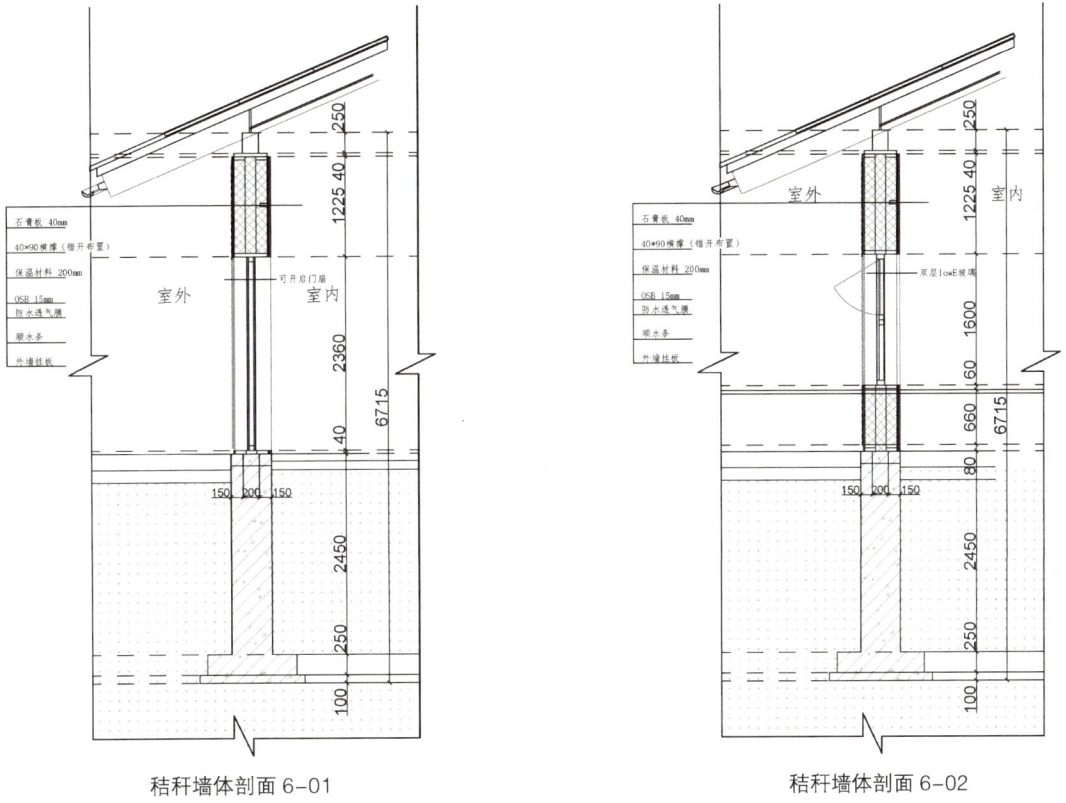

秸秆墙体剖面 6-01

秸秆墙体剖面 6-02

图 3-47 "半木"南侧秸秆 – 木墙身构造

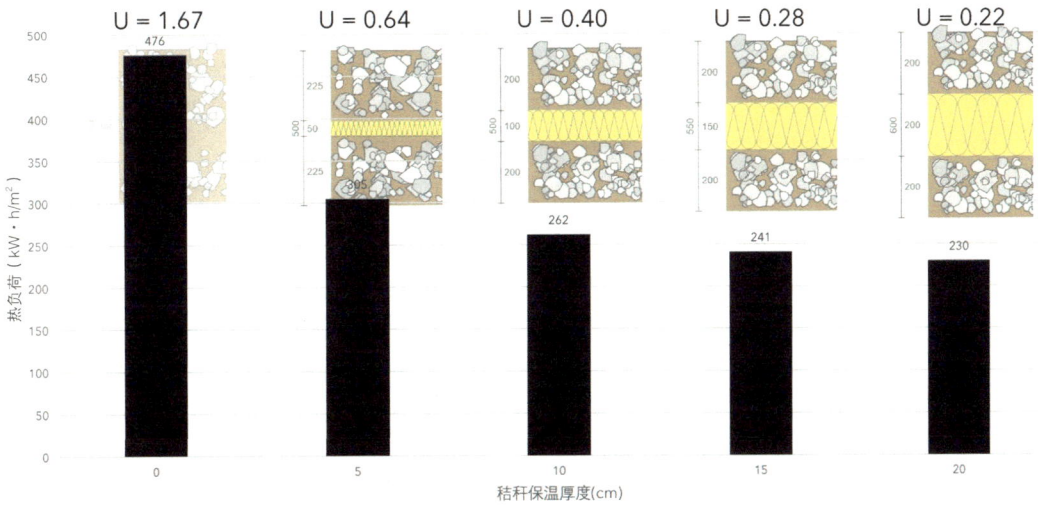

（a）秸秆 – 浇筑土夹心保温

图 3-48 秸秆 – 浇筑土构造的热性能计算

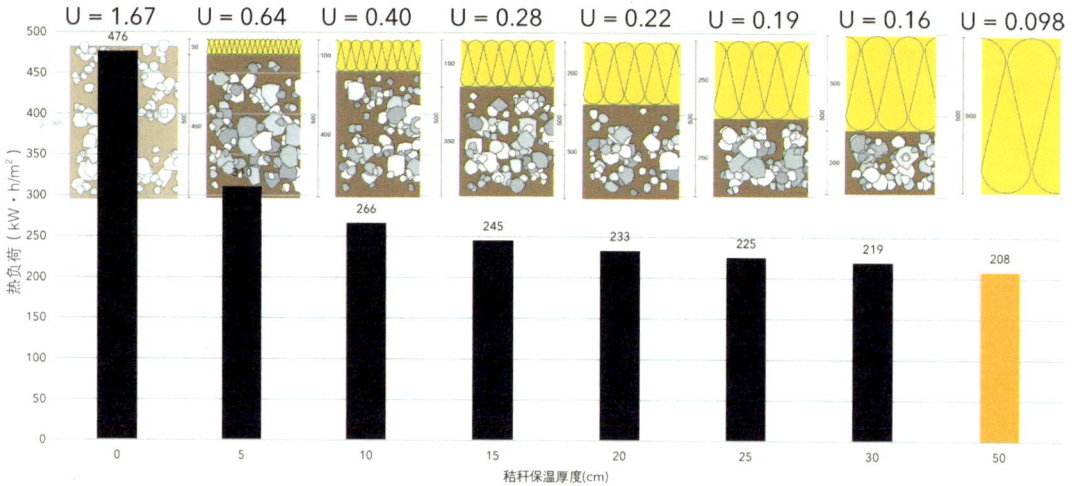

（b）秸秆－浇筑土外保温

图 3-48　秸秆－浇筑土构造的热性能计算（续）

参考文献

［1］ Röck M., Mendes Saade M. R., Balouktsi M., Rasmussen F. N., Birgisdottir H., FrischknechtR., Habert G., Lützkendorf T., Passer A. Embodied GHG emissions of buildings – the hidden challenge for effective climate changemitigation. Applied energy，2019.

［2］ Demi Fang，etc. Reducing embodied carbon in structural systems：a review of early-stage design strategies[J]. Journal of Building Engineering，2023（76）.

［3］ Olga Beatrice Carcassi，Guillaume Habert，Laura Elisabetta Malighetti，and Francesco Pittau. Environmental Science & Technology 2022 56（8），5213-5223. DOI：10.1021/acs.est.1c05895.

［4］ Alireza Moghayedi，Bankole Awuzie. Towards a net-zero carbon economy：a sustainability performance assessment of innovative prefabricated construction methods for affordable housing in Southern Africa[J]. Sustainable Cities and Society，99（2023）104907.

［5］ International Energy Agency（IEA），Material Efficiency in Clean Energy Transitions，2019. www.iea. org/publications/reports/MaterialEfficiencyinCleanEnergyTransitions/.

［6］ Ramesh T.，Prakash R.，Shukla K. K. Life cycle energy analysis of buildings：an overview. Energy Build 2010；42：1592-600. https：//doi.org/10.1016/j.enbuild.2010.05.007.

［7］ De Wolf C.，Pomponi F.，Moncaster A. Measuring embodied carbon dioxide equivalent of buildings：a review and critique of current industry practice. Energy Build 2017；140：68-80. https：//doi.org/10.1016/ j.enbuild.2017.01.075.

［8］ Häkkinen T.，Kuittinen M.，Ruuska A.，Jung N.，Reducing embodied carbon during the design process of buildings. J Build Eng 2015；4：13. https：//doi.org/10.1016/j.jobe. 2015.06.005.

［9］ Dixit M. K. Life cycle embodied energy analysis of residential buildings：a review of literature to investigate embodied energy parameters. Renew Sustain Energy Rev 2017；79：390-413. https：//doi.org/10.1016/ j.rser.2017.05.051.

［10］Ibn-Mohammed T., Greenough R., Taylor S., Ozawa-Meida L., Acquaye A. Operational vs. embodied emissions in buildings-A review of current trends. Energy Build 2013; 66: 232-45. https: //doi. org/10.1016/j.enbuild.2013.07.026.

［11］Simonen K., Rodriguez B., Strain L., McDade E. Embodied carbon benchmark study: LCA for low carbon construction; 2017. doi: http: //hdl.handle.net/1773/38017.

［12］Simonen K., Rodriguez B. X., De Wolf C. Benchmarking the embodied carbon of buildings 2017. DOI: 10.1080/24751448.2017.1354623.

［13］Neururer C., Smutny R., Passer A. Life Cycle analysis as tool for environmental assessment of office and administration buildings: a critical review and evaluation of the LCAs practical feasibility for a future roadmap. In: World Sustain. Build. Conf. 2014-Conf. Proc., 2014: 63-63.

［14］European Standards, BS EN 15978: 2011 Sustainability of construction works. Assessment of environmental performance of buildings. Calculation method, Accessed: August. 20, 2022. [Online]. Available: https: //www.en-standard.eu/bs-en-15978-2011-sustainability-of-construction-works-assessment-of-environmental-performance-of-buildings-calculation-method/.

［15］C. T. Mueller, Computational exploration of the structural design space[D]. Massachusetts Institute of Technology, 2014. Accessed: May 7, 2019. [Online]. Available: https: //dspace.mit.edu/handle/1721.1/91293.

［16］W. J. Fabrycky, B. S. Blanchard., Life-cycle cost and economic analysis. Englewood Cliffs: Prentice Hall, 1991.

［17］B. C. Paulson Jr., Designing to reduce construction costs, J. Construct. Div. 102（C04）（Dec. 1976）. Accessed: August 15, 2022. [Online]. Available: https: //trid.trb.org/view/66827.

［18］Gunawardena, T., Mendis, P. Prefabricated building systems—design and construction. Encyclopedia, 2002, 2（1）, 70-95.

［19］Noorzai, E., Gharouni Jafari, K., & Moslemi Naeni, L. Lessons learned on selecting the best mass housing method based on performance evaluation criteria in Iran. International Journal of Construction Education and Research, 2002, 18（2）: 123-141.

［20］Jain, S., & Bhandari, H. Affordable housing with prefabricated construction technology in India: an approach to sustainable supply. ECS Transactions, 2022, 107（1）, 8513.

［21］Khan, A., Yu, R., Liu, T., Guan, H., & Oh, E. Drivers towards adopting modular integrated construction for affordable sustainable housing: a total interpretive structural modelling（TISM）method. Buildings, 2022, 12（5）, 637.

［22］Li, C. Z., et al. Mapping the knowledge domains of emerging advanced technologies in the management of prefabricated construction. Sustainability, 2021, 13（16）, 8800.

［23］Saad, A. M., Zulu, S. L., Dulaimi, M. "It's your fault!" -said a public client to modernity advocates: an exploration of UK public sector's viewpoints on the modern methods of construction. Construction Innovation, Vol. ahead-of-print No. ahead-of-print. 10.1108/CI-11-2022-0282.

［24］van Oorschot, J. A. W. H., Halman, J. I. M., Hofman, E. The adoption of green modular innovations in the Dutch housebuilding sector. Journal of Cleaner Production, 2021: 319, Article 128524.

［25］Mandala, R. S. K., & Nayaka, R. R. A state of art review on time, cost and sustainable benefits of modern construction techniques for affordable housing. Construction Innovation.

［26］ Lehmann, S. Low carbon construction systems using prefabricated engineered solid wood panels for urban infill to significantly reduce greenhouse gas emissions. Sustainable Cities and Society, 2013 (6): 57–67.

［27］ Abey, S. T., & Anand, K. B. Embodied energy comparison of prefabricated and conventional building construction. Journal of The Institution of Engineers (India): Series A, 2019 (100): 777–790.

［28］ Aye, L., Ngo, T., Crawford, R. H., Gammampila, R., & Mendis, P. Life cycle greenhouse gas emissions and energy analysis of prefabricated reusable building modules. Energy and buildings, 2012 (47): 159–168.

［29］ Aris, N. A. M., Fathi, M. S., Harun, A. N., & Mohamed, Z. Towards a sustainable supply of affordable housing with prefabrication technology: An overview. Journal of Advanced Research in Business and Management Studies, 2019, 15 (1).

［30］ 李珺杰, 夏海山. 归·田园居——i-Yard 2.0 新城镇零能耗养老住宅设计 [J]. 建筑学报, 2018 (12): 102–108.

［31］ 李珺杰, 边文彦, 张文. 可持续灾后应急建筑韧性体系的探索与实践——以 BBBC 项目为例 [J]. 世界建筑, 2023 (1): 86–93.DOI: 10.16414/j.wa.2023.01.013.

［32］ 李珺杰, 吴玺君, 张文, 童亦斌. 韧性之光: 可持续灾后应急建筑与能源 [J]. 建筑学报, 2022 (12): 31–37. DOI: 10.19819/j.cnki.ISSN0529–1399.202212005.

［33］ 郭子怡. 梦里老家访谈 1: 乡村建设, 也是打造参与式创作平台. 陈张敏聪夫人慈善基金知识库. https: //www.ccmccf.org.hk/sc/knowledge–3/house–of–dreams–interview–1/.

［34］ 郭子怡. 梦里老家访谈 2: 当建筑遇上乡村发展. 陈张敏聪夫人慈善基金知识库. https: //www.ccmccf.org.hk/sc/knowledge–3/house–of–dreams–interview–2/.

［35］ 梁军. 梦里老家访谈 3: 这个村的建筑 留住了记忆, 也凝聚了人心. 陈张敏聪夫人慈善基金知识库. https: //www.ccmccf.org.hk/sc/knowledge–3/house–of–dreams–interview–3/.

第4章
优化建筑的能源利用策略

新建建筑群及建筑的总体规划应为可再生能源利用创造条件，并应有利于冬季增加日照和降低冷风对建筑影响，夏季增强自然通风和减轻热岛效应。

新建、扩建和改建建筑以及既有建筑节能改造均应进行建筑节能设计。建设项目可行性研究报告、建设方案和初步设计文件应包含建筑能耗、可再生能源利用及建筑碳排放分析报告施工图设计文件应明确建筑节能措施及可再生能源利用系统运营管理的技术要求。

——《建筑节能与可再生能源利用通用规范》

GB 55015—2021

最早的太阳能十项全能竞赛始于 2002 年。在当时的技术发展阶段，太阳能利用技术被认为是一个前沿的、面向未来的建筑科技。竞赛最重要，也是最难达成的一个目标就是需要各个高校所完成的建筑作品，必须完全依靠太阳能自给自足，提供室内所有需要的能源，包括但不限于采光、家用电器、空调负荷等用电类型。随着竞赛在美洲区、欧洲区、中国区和中东区二十多年的轮流主办，竞赛也从强调太阳能科技在建筑中的利用而逐步转为更为综合的可持续性能。在低碳排放建筑的发展路径中，建筑节能与可再生能源的利用是中间的重要环节，对应建筑运行期间的减碳能力。

以 SDC 2022 年的比赛规则为例，单项三——"能源"对建筑原型的要求如下：

"本次竞赛评估可再生能源系统的生产、效率、整合，对当地气候环境和目标居住者的响应能力，以及在所有可能中断的情况下的安全性。

评审团应为项目的能源生产、效率、整合和实施情况打分。评审团将审查提交的可交付成果，并在比赛期间对已建成的房屋，特别是其能源性能数据进行广泛评估。

能源生产

·该项目在多大程度上采取了创新方法来最大限度地提高能源产量，从而在住宅建筑中提供可再生能源的创新应用？

·能源生产系统的规模在多大程度上适合竞赛建筑在其目标区域位置的年性能？

能源效率

·竞赛建筑是否比符合最低标准的建筑需要更少的能源呢？

·该项目通过系统集成和实施提高可再生能源效率的效果如何？

能源管理

·项目在目标气候环境下如何展示控制策略，以优化可再生能源的使用和能源效率？

·项目的能源管理对目标用户的行为和健康给予了多少关注？

·项目的能源管理在多大程度上优化了能源的发电、消费、储存和效率的整合？"

4.1 建筑运行的碳排放

建筑生命周期的碳排放主要由隐含碳排放和运行碳排放两部分组成。运行排放是通过建筑的使用和维护而产生的排放。它们在维持建筑物内部的"舒适水平"期间释放，包括供暖、冷却、照明和电器使用等。建筑的初步设计选择（如使用的建筑材料）以及在翻新过程中升级材料，对运行碳排放的数量和回收机会产生重大影响。建筑运行期间的碳排放包含了在使用期间 B1-B7 的全部内容，涉及使用、安装产品、运维、修复、更换、翻新、运行期能耗使用、运行期用水七个方面（图 4-1）。

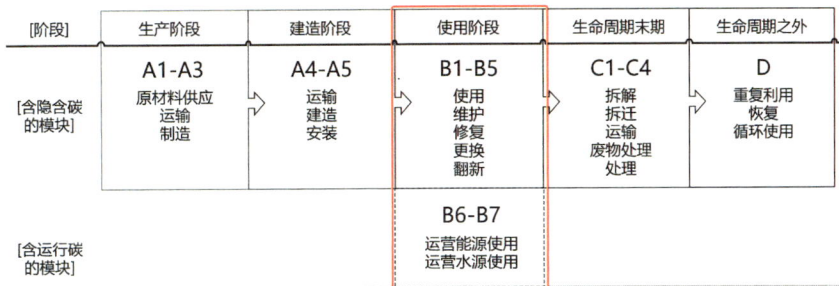

图 4-1　B1-B7 的运行阶段

建筑运行阶段的时间维度较建造期间长，对于建筑全生命周期的影响占有了重要的比重，根据建筑的使用年限累积用能情况，年均的用能方式和习惯的对于全生命周期的能耗具有决定性的影响。

根据中国建筑节能协会发布的《2022 中国建筑能耗与碳排放研究报告》，2020 年全国建筑全过程能耗总量为 22.7 亿 tce，占全国能源消费总量比重为 45.5%。其中，建材生产阶段能耗 11.1 亿 tce，占全国能源消费总量的比重为 22.3%；建筑施工阶段能耗 0.9 亿 tce，占全国能源消费总量的比重为 1.9%；建筑运行阶段能耗 10.6 亿 tce，占全国能源消费总量的比重为 21.3%。2020 年全国建筑全过程碳排放总量为 50.8 亿 tCO_2，占全国碳排放的比重为 50.9%。其中，建材生产阶段碳排放 28.2 亿 tCO_2，占全国碳排放总量的比重为 28.2%；建筑施工阶段碳排放 1.0 亿 tCO_2，占全国碳排放总量的比重为 1.0%；建筑运行阶段碳排放 21.6 亿 tCO_2，占全国碳排放总量的比重为 21.7%（图 4-2）。

建筑运行期间碳排放增速持续放缓，"十三五"期间已降至 2.8%。根据第七次全国人口普查数据推算得知，2020 年全国建筑存量为 696 亿 m²，其中 80% 为住宅建筑，20% 为公共建筑；住宅建筑中，城镇居住建筑 320 亿 m²，占比 58%，农村居住建筑

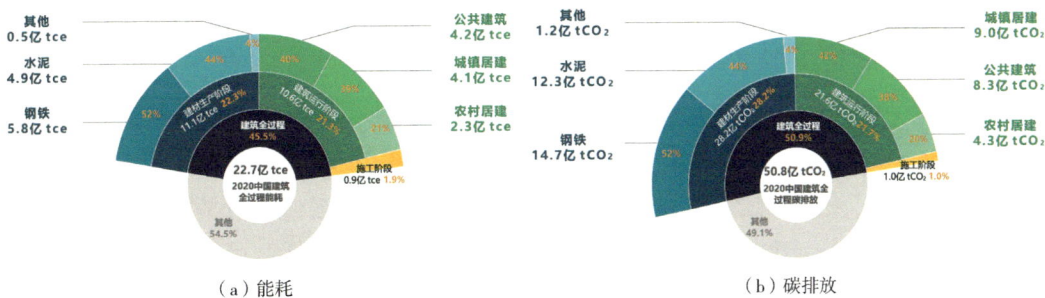

（a）能耗　　　　　　　　　　　　　（b）碳排放

图 4-2　2020 年中国建筑全过程能耗与碳排放总量及占比情况

资料来源：中国建筑节能协会，2022 中国建筑能耗与碳排放研究报告，2022。

233 亿 m²，占比 42%。受新冠疫情影响，2020 年的建筑运行能耗与碳排放增速明显放缓，全国建筑运行能耗为 10.6 亿 tce，同比增长 3.0%；碳排放 21.62tCO₂，同比增长 1.5%。此外，参考 2021 年我国能源消费总量数据，并根据各建筑类型能耗占比与历年增长趋势对 2021 年的建筑碳排放情况进行预估，预计 2021 年我国建筑碳排放将回归正常增长速度，达到 22.4 亿 tCO₂。从变化趋势来看，2005—2020 年，建筑运行阶段能耗增长 5.8 亿 tce，年平均增长率为 5.4%；建筑运行阶段碳排放增长 10.7 亿 tCO₂，年平均增长率为 4.7%。碳排放年均增速小于能耗年均增速，表明建筑运行阶段能源相关的碳排放因子降低（建筑运行综合碳排放因子从 2005 年的 2.3tCO₂/tce 下降至 2020 年的 2.0tCO₂/tce），全国建筑能源结构逐渐优化。从建筑运行阶段碳排放构成看，建筑直接碳排放占比在 2010—2017 年维持在 34% 左右，在 2020 年下降到 25%；电力碳排放则从 42% 上升到 53%；热力碳排放比例维持在 21%~24% 之间（图 4-3）。

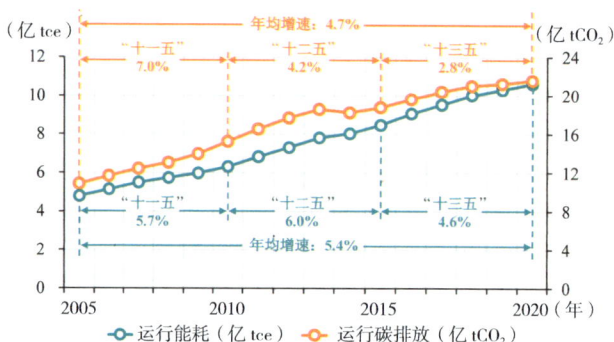

图 4-3　中国建筑运行阶段能耗与碳排放变化趋势总计
资料来源：中国建筑节能协会，2022 中国建筑能耗与碳排放研究报告，2022.12。

4.2　可再生的能源

根据《中国建筑节能年度发展研究报告 2023》，指出城市实现零碳电力系统的主要途径是采用包括风、光、水、核等零碳能源。60% 以上的能源将来自于风光电等可再生能源。根据 2022 年 4 月 1 日起实施的《建筑节能与可再生能源利用通用规范》GB 55015—2021，要求"新建建筑群及建筑的总体规划应为可再生能源利用创造条件，并应有利于冬季增加日照和降低冷风对建筑影响，夏季增强自然通风和减轻热岛效应"以及"新建、扩建和改建建筑以及既有建筑节能改造均应进行建筑节能设计。建设项目可行性研究报告、建设方案和初步设计文件应包含建筑能耗、可再生能源利用及建筑碳排放分析报告施工图设计文件应明确建筑节能措施及可再生能源利用系统运营管理的技术要求"。

4.2.1 可再生能源的分类

可再生能源是指在自然界中能够不断恢复或永久存在的能源资源。这些能源来源不会枯竭或耗尽，并且对环境的影响较小。例如太阳能、风能、水能、生物能源、地热能等都是一些常见的可再生能源类型（图4-4）。

太阳能是最常见和广泛利用的可再生能源之一。通过光伏技术，太阳能可以转化为电能，用于供电、加热和其他能源需求。风能是通过风力发电转化为电能的可再生能源。风能发电利用风力推动风轮，将机械能转换为电能。水能是利用水流或水位高差产生的能量。水能发电可以通过水轮机、水力涡轮或潮汐能等方式将水能转化为电能。生物能源来自生物质，如农作物废弃物、木材、沼气和生物燃料。生物能源可以通过发酵、燃烧或化学反应等方式转化为热能或电能。地热能是来自地球内部热量的能源，可以用于供热、发电和其他能源需求。地热能通常通过地热发电站或地热泵系统利用。

这些可再生能源具有广泛的应用领域，可以替代传统的化石能源，减少温室气体排放，促进能源的可持续发展。可再生能源的利用对于应对气候变化、减少环境污染以及实现能源安全具有重要意义。

太阳能的利用主要分为被动式太阳能利用和主动式太阳能利用。被动式太阳能利用是一种利用太阳作为资源或者能源的方法。它通过建筑设计和材料选择来最大限度地利用太阳能的热量和光线，而无须使用外部机械或电力系统。被动式太阳能利用依赖于自然的热量传输和光线分配方式，以实现能源效益和舒适性，一些常见方法和特点包括：

（1）太阳能采暖：通过合理的建筑设计，如朝南的大窗户、太阳能收集器和热贮存材料，使得建筑内部可以更充分地吸收和储存太阳能的热量，从而减少对传统供暖系统的依赖。

（2）自然采光：优化建筑的采光设计，利用太阳的光线来照亮室内空间，减少对人工照明的需求。可以通过合适的窗户设计、天窗和光管等实现。

（3）热负荷控制：通过绝缘材料、节能窗户、热桥隔离和良好的通风设计等手段，减少建筑的热量损失和热量增益，以保持室内温度的稳定性。

（4）遮阳和通风：利用设计良好的遮阳装置，如百叶窗、遮阳篷、树木等，来阻挡过多的太阳辐射，减少建筑内部的热量负荷。同时，通过优化通风系统，使得室内能够获得自然的空气流动和通风。

被动式太阳能利用是一种可持续和节能的建筑设计方法，它能够最大限度地利用太阳能资源，降低对传统能源的需求，减少碳排放，提高建筑能效，并创造更舒适的室内环境。这种方法常用于住宅、商业建筑和公共设施等各种类型的建筑中。

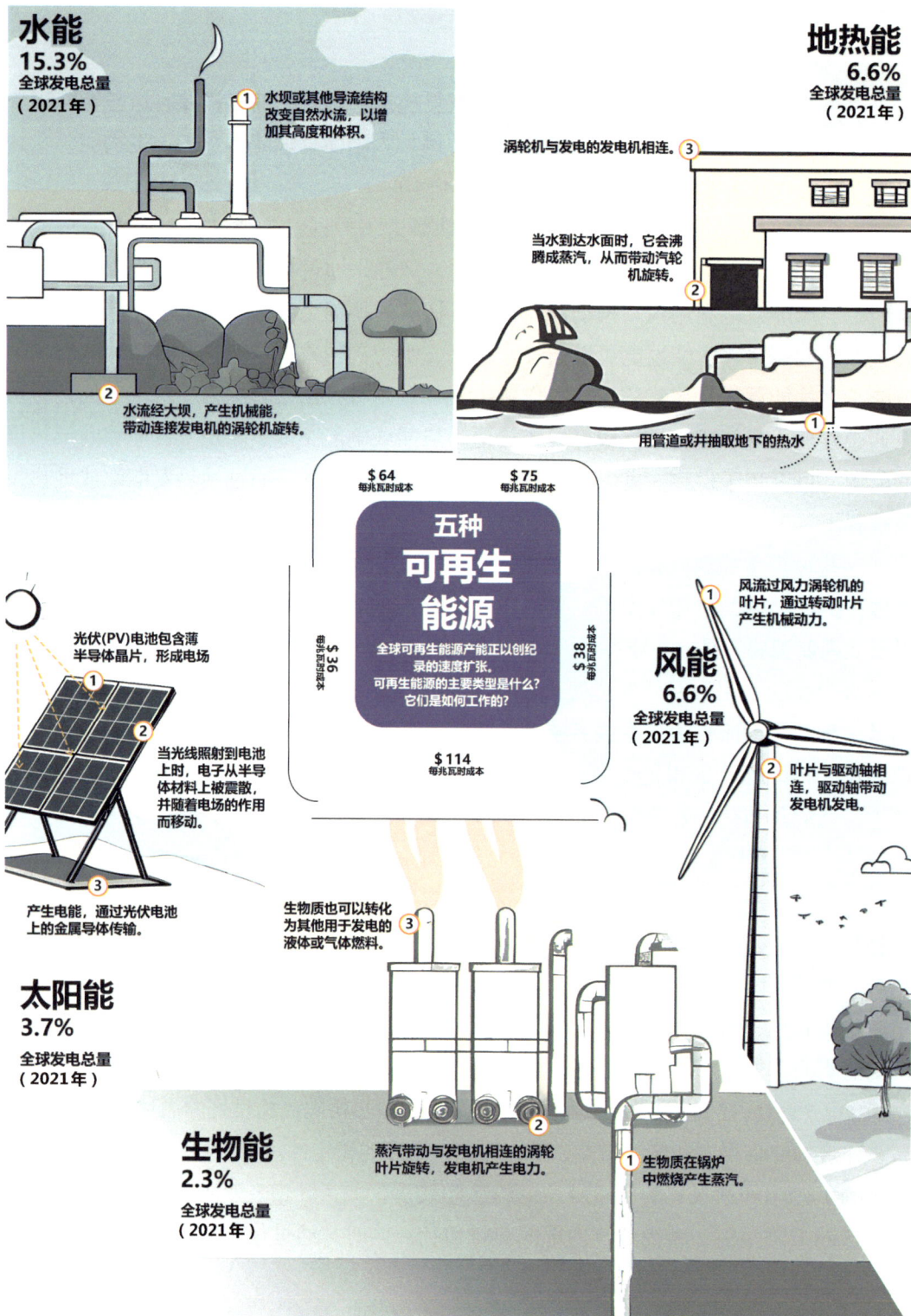

水能
15.3%
全球发电总量
（2021年）

① 水坝或其他导流结构改变自然水流，以增加其高度和体积。

② 水流经大坝，产生机械能，带动连接发电机的涡轮机旋转。

地热能
6.6%
全球发电总量
（2021年）

③ 涡轮机与发电的发电机相连。

当水到达水面时，它会沸腾成蒸汽，从而带动汽轮机旋转。②

① 用管道或井抽取地下的热水。

五种
可再生
能源

全球可再生能源能正以创纪录的速度扩张。可再生能源的主要类型是什么？它们是如何工作的？

$ 64
每兆瓦时成本

$ 75
每兆瓦时成本

$ 36
每兆瓦时成本

$ 38
每兆瓦时成本

$ 114
每兆瓦时成本

① 光伏(PV)电池包含薄半导体晶片，形成电场

② 当光线照射到电池上时，电子从半导体材料上被震散，并随着电场的作用而移动。

③ 产生电能，通过光伏电池上的金属导体传输。

太阳能
3.7%
全球发电总量
（2021年）

① 风流过风力涡轮机的叶片，通过转动叶片产生机械动力。

风能
6.6%
全球发电总量
（2021年）

② 叶片与驱动轴相连，驱动轴带动发电机发电。

③ 生物质也可以转化为其他用于发电的液体或气体燃料。

生物能
2.3%
全球发电总量
（2021年）

② 蒸汽带动与发电机相连的涡轮叶片旋转，发电机产生电力。

① 生物质在锅炉中燃烧产生蒸汽。

图4-4 可再生能源在建筑中的利用类型
资料来源：金怡淳。

主动式太阳能利用是指利用机械、电力或其他主动设备来收集、转换和利用太阳能的热量或光能。相对于被动式太阳能利用,主动式太阳能利用需要主动式设备和技术以实现太阳能的利用。光伏、光热等都属于主动式太阳能利用的常见方法:

(1)光伏发电系统:利用光伏电池将太阳能转化为电能的技术。光伏发电系统通常由多个太阳能电池板组成,将太阳能直接转换为电能,用于供电、充电和其他电力需求。

(2)太阳热发电系统:利用太阳能集中或分散的热量来产生蒸汽,驱动发电机以产生电能。常见的太阳热发电技术包括塔式太阳能发电、抛物面槽式太阳能发电和平板太阳能发电等。

(3)太阳能热水系统:利用太阳能收集热量,加热水用于供暖、热水供应和其他热能需求。太阳能热水系统通常包括太阳能热水器、热水储存装置和管道系统。

(4)太阳能空调系统:利用太阳能来驱动空调设备,如太阳能冷却器或吸收式制冷机。这些系统利用太阳能的热量来提供冷却效果,减少对传统电力的需求。

(5)太阳能光热系统:利用太阳能的光热转换特性,通过太阳能反射器或集热器将太阳光聚焦到一个点上,产生高温用于工业加热、蒸馏和其他热能需求。

这些主动式太阳能利用方法都依赖于外部能源和技术设备,用于将太阳能转化为更有用的形式,如电能、热能或冷却效果。这些技术有助于减少对传统能源的依赖,降低碳排放,推动可持续发展和清洁能源转型。

其中,太阳能光伏发电是指利用光伏效应将太阳能直接转化为电能的过程,在太阳能利用中最为常见。太阳能光伏利用的原理是通过光伏效应将太阳光中的能量转化为电子 – 空穴对,利用 P-N 结构和结电场的作用将电子和空穴分离,进而形成电流。太阳能光伏电池将太阳能直接转化为可用的电能,原理包括:

(1)光伏效应:光伏效应是一种半导体材料在光照下产生电压和电流的现象。当光照射到半导体材料(通常是硅)的表面时,光子会将部分能量传递给半导体中的电子。这些能量足够大的光子将电子从原子中释放出来,形成一个电子—空穴对。电子带着负电荷,空穴带着正电荷。

(2)P-N 结构:光伏电池一般采用 P-N 结构的半导体材料。P-N 结构由两种半导体材料组成:P 型半导体和 N 型半导体。P 型半导体中掺入了少量的杂质,使其具有正电荷。N 型半导体中掺入了少量的杂质,使其具有负电荷。当 P-N 结构形成时,形成了一个电势差,称为内建电势。

(3)结电场:P-N 结构中的正负电荷在内建电势的作用下会形成结电场。这个电场会阻碍自由电子和空穴的扩散,使得电子和空穴在 P 区和 N 区之间被分离。

(4)电子流动:当太阳光照射到光伏电池上时,光子的能量被半导体吸收,产生电子 – 空穴对。电子和空穴被结电场分离,电子在 N 区向 P 区移动,空穴在 P 区向

N 区移动。这样就形成了电流，即电子从 N 区流向 P 区，形成了外部电路。

（5）电流产生：在光伏电池中，通过连接外部电路，电子流动形成了电流。这个电流可以用来做功，如为电气设备供电。

太阳能光伏在建筑中的利用通常通过集成光伏技术来实现，其中建筑本身的结构和外观与光伏电池板相结合。这种集成使建筑物能够同时充当建筑外观元素和太阳能发电系统，称为建筑一体化光伏（Building Integrated Photovoltaics，BIPV）。BIPV 是将光伏电池板直接集成到建筑物的外墙、屋顶、窗户或遮阳装置等部分，以产生太阳能电力并满足建筑的能源需求。这种集成的优势在于将太阳能系统融入建筑设计中，体现出了建筑光伏一体化的优势，BIPV 将光伏组件融入建筑的外观和结构中，使太阳能系统与建筑物融为一体，不会破坏建筑的整体美感和外观。BIPV 利用太阳能资源来发电，减少对传统能源的需求，降低碳排放，是一种环保和可持续的能源解决方案，有助于减少对非可再生能源的依赖。此外，BIPV 系统可以为建筑物提供所需的电力，满足建筑的部分或全部电力需求。这有助于降低建筑的能源成本，并使建筑实现能源自给自足。相比传统的太阳能电池板，BIPV 可以直接替代建筑物的一部分外墙、屋顶或窗户等部分。这样可以节约空间，并提高土地和建筑物的利用效率。BIPV 系统可以作为建筑外墙和屋顶的保护层，提供额外的防水和耐久性，同时产生电能。目前，BIPV 技术的应用范围非常广泛，可以用于住宅、商业建筑、工业设施和公共建筑等各种类型的建筑中。它不仅为建筑物提供了可再生能源，还提升了建筑的价值和可持续性。

4.2.2 可再生能源的储存方式

储存可再生能源是为了解决可再生能源的间歇性和不可控性，以便在需要时提供持续的能源供应。常见的可再生能源储存技术包括：

（1）电池储能：电池储能是将可再生能源转化为电能并储存在电池中的一种方法。当可再生能源产生过剩的电力时，电池可以将其存储起来，以供后续使用。典型的电池储能技术包括锂离子电池、铅酸电池、钠硫电池等。

（2）氢能储存：氢能储存是将可再生能源产生的电力用于电解水，将水分解成氢气和氧气，并将氢气储存起来的过程。储存后的氢气可以在需要时通过燃料电池转化为电能。氢能储存技术有助于长期储存大量能量，并且氢气在储存和使用过程中没有排放二氧化碳等温室气体。

（3）压缩空气储能（CAES）：压缩空气储能是一种利用可再生能源产生的电力将空气压缩并储存在地下储气库中的技术。当需要电力时，储存的压缩空气会被释放出来，并通过涡轮机和发电机将其转化为电能。

（4）液流电池：液流电池是一种将可再生能源转化为电能并储存在液体电解质中

的技术。液流电池利用可再生能源电解水或其他电解质溶液，将产生的氢气或其他电化学反应产物储存起来，并在需要时通过电池反应将其转化为电能。

（5）热储能：热储能是一种将可再生能源转化为热能并将其储存起来的方法。例如，太阳能热能可以通过储热罐或热储存材料来储存，以供后续使用，如供暖、热水等。

这些储能技术可以结合使用，以提供更可靠、稳定和可持续的能源供应（图4-5）。随着可再生能源的快速发展，储能技术的研究和创新也在不断进行，为实现可再生能源的大规模应用提供了重要支持。

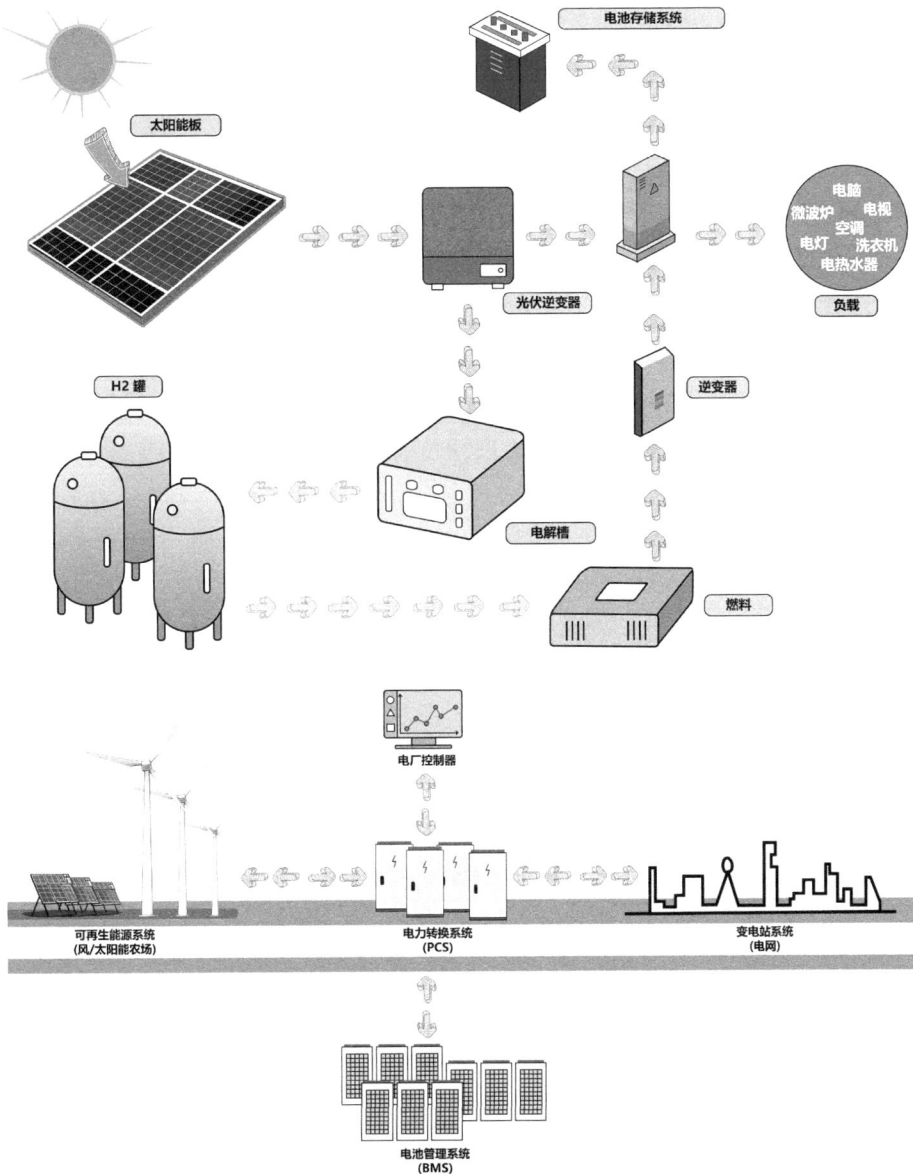

图4-5 太阳能利用与储能技术
资料来源：金怡淳。

4.3　零能耗建筑

"零能耗"建筑（Zero Energy Building，ZEB）是指在一定时期内净能耗为零的建筑，它的能源需求主要通过自身可再生能源系统满足。该概念强调建筑在使用阶段所消耗的净能量为零，即通过能源节约措施和可再生能源的利用，建筑所需的能源与自身产生的能源相平衡。

"零能耗"建筑的目标是使建筑物的净能耗接近零，即通过能源节约和可再生能源利用，尽可能地满足建筑内部的能源需求，同时减少对外部能源供应的依赖。这有助于减少温室气体排放、提高能源安全性，并促进建筑行业的可持续发展。

从能源的角度来讲，被动式设计策略和主动式设计策略的优劣共同影响建筑运行期间的能耗需求。能量需求（D）和能量的产出（G）两个量是衡量建筑能耗表现性能的依据。G 大于 D 时表现为超能源建筑，G 与 D 相同时表现为零能耗建筑，而 G 接近 D 时，表现为低能耗建筑（图 4-6）。为了有效地减少建筑不断增长的能耗需求，被动式设计被广泛地认为是一种减少能耗最为经济有效的策略。根据过往对被动式建筑的研究，被动式策略可以减少 50% 以上的一次性能源消费（图 4-7）。

美国建筑师巴鲁克·吉沃尼（Baruch Givoni）认为被动式所包括的建筑设计和结构材料均是对建筑周围气候因素的回应。一个以舒适度为前提，尽可能最大化减少能耗需求为目标的优秀的被动式策略，包括建筑设计的各个方面，例如建筑立面、窗户

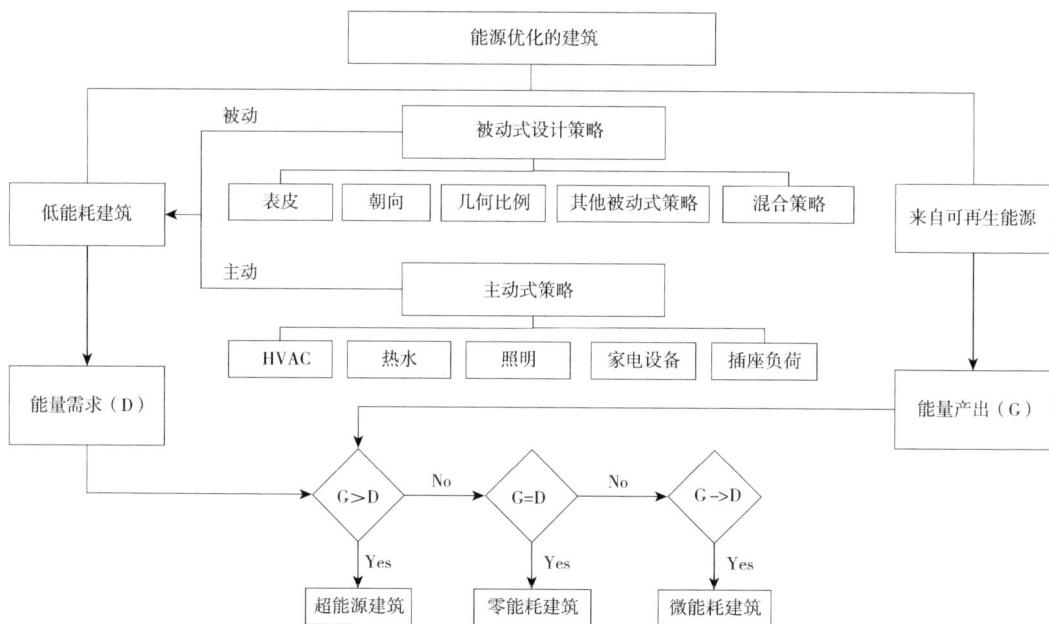

图 4-6　被动式、主动式设计策略对减少建筑能源需求的重要性

资料来源：Houses Edwin Rodriguez–Ubinas，Claudio Montero，etc. Passive design strategies and performance of Net Energy Plus Houses.

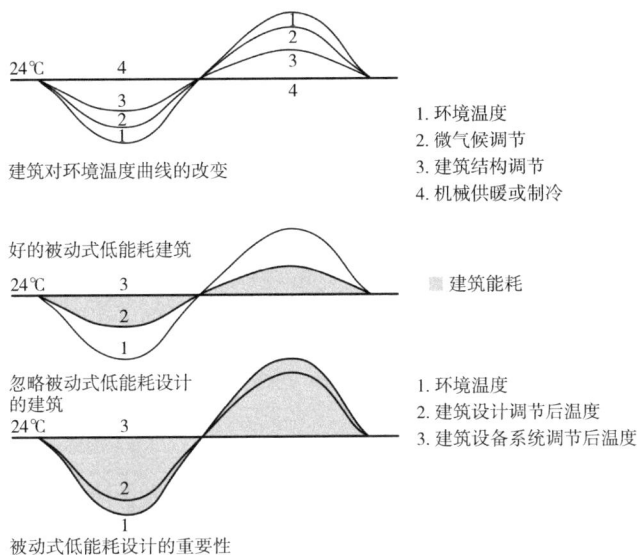

图 4-7　被动式设计对建筑运行期间的能耗影响

资料来源：根据 Olgyay V. Design with Climate 改绘。

的朝向、墙体的厚度、保温隔热性能、门窗细部、阳光间、遮阳等。

　　被动式建筑的关键是设计的整合，从建筑设计的原型出发，对建筑群体的布局组织关系，建筑单元的形态、空间、功能，围合空间界面的材质、构造，以及利用或阻隔自然条件的构筑措施等进行一体化设计。其目的是"以对环境最小的影响、最低的投资和运行费用来达到最理想的效果"。通过合理的策略手段和构造，一方面实现建筑能量需求与产出的平衡，并且做到以人为核心的舒适、健康、高效的室内环境。

　　"零能耗"建筑的"开源"与"节能"体现为可再生能源的利用和最大限度地减少能量消耗，以最优化的被动式设计和最高效的主动式系统设备实现节能的目标。太阳能十项全能竞赛以来的所有参赛房屋，都是以"零能耗"为目标，以太阳能为主要的能量来源，通过建筑的被动设计及主动系统，实现在建筑运行阶段能源的自给自足。在联合国 2030 可持续发展目标和我国"3060"双碳目标的导向下，城市与建筑的脱碳与能源结构转型势在必行，能源问题显然成为该竞赛的重要驱动。SDC 2013 首次加入了太阳能应用的主观评分，成为继欧洲赛区后（SDE 2010）提出要在主观上评价能源利用及其效率的赛区，不过当时仅关注太阳能光伏与光热，而并未提及其他与能源相关的众多问题。值得注意的是，不能狭隘地把建筑能源等同于电能，也并非电气化设备才能满足高品质的生活需求，建筑内外还有各种形式的能量可被挖掘：热、光、机械（风）、化学能等。而后欧、美、中东赛区逐渐关注包括建筑主被动式设计、可再生能源技术、能源管理策略、性能模拟优化过程等建筑能源的相关问题，并把能源（效率）作为主观评价指标之一纳入十项全能竞赛。SDC 2022 设置了两项与建筑能源直接相关的竞赛：能源能效（主观）与能源自给（客观）。此外，在建筑设计、工程建造和市场潜力竞赛中，赛队和评委团均不同程度地关注了建筑能源的不同方面：效率、一体化程度、创新性、安全性、经济性等。例如，评审团点评天津大学联队竞赛作品R-CELLS 将 3 种光伏及风力发电技术与屋顶有效结合，创造出有特色的空间与形式；优异的建筑外围护结构、采用相变蓄能、废热回收等主被动节能策略；自开发建筑运维监测系统；建设成光储直柔建筑能源系统，并结合电动车组成交互控制电力系统；采用能源安全利用技术。能源策略的核心一方面在于如何在耦合的自然要素中更大限度地挖掘能服务于人的有利资源（物质、能量）；另一方面在于如何促进资源内部循环、回收再利用，减少外部再输入。当然，作为抵御不利天气条件的气候边界也应有优异的热阻漏能力（图 4-8）。

在十项全能竞赛中，建筑能源高效利用的途径分为 5 种：

（1）通过技术的高度创新，开发利用建筑原本难以利用的能量形式。例如，清华大学赛队整合三维追日反射镜与斯特林发电机，可利用传统光伏无法利用的太阳辐射（主要是不可见光）产生热效应发电，从而实现比光伏更高的光电转化效率；丹麦理工大学（SDE 2014）和伍伦贡大学（SDME 2018）均利用夜间辐射制冷技术（radiative cooling）作为冷源并蓄冷用于日间降温。

（2）促进能源直接利用、梯级利用，减少能量形式转换。例如，绝大部分赛队日间均利用自然通风采光来维持室内舒适性，其中天津大学联队自开发的房屋能源预测运维系统，可通过运算尽可能多地利用自然风、光、热，减少暖通照明设备的使用；竞赛中 9 栋住宅均设置了阳光房用于冬季被动取暖来应对张北的严寒气候；清华大学赛队、深圳大学联队和大连理工大学赛队等均应用热电联产技术提升低品位热能的利用率，减少生活用热的电力消耗，避免了光 / 电 / 热的多级转换；天津大学联队、北京交通大学联队和深圳大学联队等不同程度地利用直流配电网和直流负荷，减少了直流 / 交流 / 直流（DC/AC/DC）的多级变换，降低变换器损耗。

（3）通过储能、搬运或响应技术，消除能源与用能二者在空间和时间上的不吻合。例如所有赛队都配备的蓄电池、天津大学联队和浙江师范大学联队使用的 V2G 技术（vehicle-to-grid），均可以储存白天产生的新能源用于夜间活动；清华大学赛队创新的建筑外围护结构体系，包括窗墙变换模块、相变材料应用、热管供热技术，可通过材料与空间日间的得热和蓄热维持竞赛期间夜间室内温暖；此外还有大量采用柔性负载策略、跨季节储能、地源热泵、特朗勃墙（Trombe Wall）、水蓄冷 / 热等技术。

（4）提高能量转化效率，减少能量传输、转化、待机时的损耗；对能量进行精细化管理，避免非必要浪费。例如，加强气候边界的热工性能、气密性，减少不利的热湿传递；合理进行设备、系统的设计与选型，设备集成、管线综合以减少传输距离与空间占用，关注换热介质传输的保温；提升机组暖通制冷 / 热能效比、各类电

图 4-8　第三届中国国际太阳能十项全能竞赛的参赛房屋（2022 年）

资料来源：张文豪，孙一民 . 思、学、做——2022 中国国际太阳能十项全能竞赛综述 [J]. 建筑学报，2022（12）：1-10。

器能效比、逆变器转换效率；加强光伏板背面通风为其降温以提升发电功率；光伏半片、三分片技术减少内阻提升功率；直流配网减少线路损耗；结合能源预测与能源管理系统。

（5）通过能量回收，减少能源需求。例如多数赛队都采用的带热 / 能量回收（HRV/ERV）的新风系统；废水废热回收、对排泄物生物质能的多种利用场景：制沼、风干燃料、施肥、鱼菜共生系统等。

4.4　可再生能源在建筑中的利用实例：BBBC

4.4.1　能源韧性：光储直柔技术的运用

1. "光"：太阳·能源·色彩

在能源控制方面，项目主要运用光储直柔技术，多能互补配置能源，构建韧性能源应用体系。发灾后能源的供给是灾区通信、炊事、取暖的重要保障，对灾后的社区安置极为重要。依据能源韧性理论，考虑到场景的不确定性以及能源可获得的便利性，能源模块以光伏作为主要能源来源，这与本次竞赛的要求也正好契合，在太阳能资源丰富的张北地区发挥出重要作用。

项目主要使用的光伏选用高效、高性能的 N 型双面双玻光伏组件（图 4-9），主要用于救灾盒（BOX）及救灾房（BUILDING）的能源供应。双玻光伏组件兼具低 LID（Light Induced Degradation）、使用寿命长、优越的弱光性等优势。屋面采用白色的彩钢板有利于更好地发挥光伏组件双面发电的优势，提高光伏组件的发电能力。通过模拟全年光伏板的自遮挡情况，团队设计出最优的光伏布局——在 100.8m² 的面积下布置

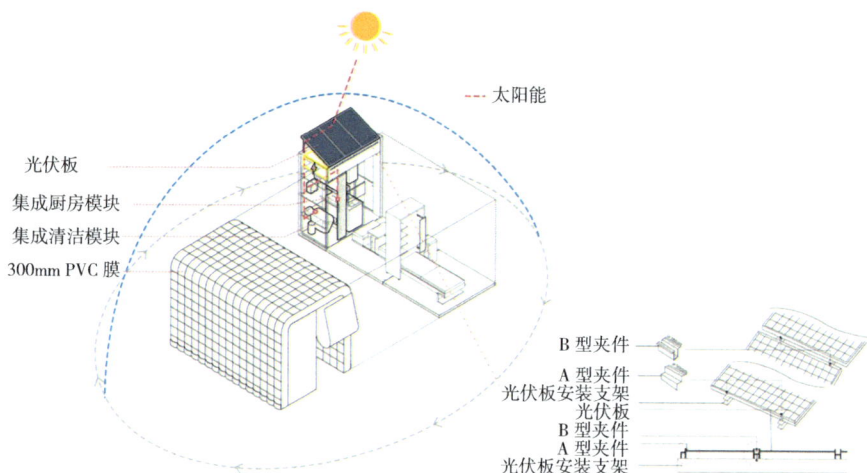

图 4-9 可再生能源在灾后应急建筑中的应用

了 51 块光伏板，占比达到 112%。利用可变支架，根据不同季节太阳照射的角度和位置进行调整，使其能保持设计发电效率 23.2%。通过设计上的调整优化，项目的光伏发电系统全年产能够达到 31920~35400kWh，实现了零能耗建筑的目标，满足灾后的能源需求。

薄膜光伏组件系统独立于双面双玻光伏组件所属的发电系统。共有 6 个小型光伏逆变器用于光伏电能变换。相比传统晶硅光伏组件，薄膜光伏组件具有一定的透光率、重量轻和较好的弱光性等优点，尤其是质量轻的特点在救灾前期的搭建环节非常重要。用在救灾盒上会更加方便救灾人员搭建，在后期 BOX 组合 Building 阶段可将这部分光伏拆卸合并到脚手架上，与双玻光伏共同发电调配。整个庭院薄膜光伏组件的装机容量约为 7.2kWp，每年能够产生约 8000kWh 的电能，大约为建筑提供了约 10% 的发电量（图 4-10、图 4-11）。

彩色的砷化镓薄膜光伏板共同组成了大面积棚下灰空间，为受灾群众提供庇护（图 4-12）。根据色彩对人体心理疗愈因素的影响报告选用黄色、蓝色、透明色形成丰富的图案肌理，这些色光能产生积极的心理暗示、安抚情绪。除此之外，还能够增加通风，减少庭院内的阳光辐射，增加环境舒适性，调节建筑空间的微气候环境，同时也为受灾群众提供了后续丰富的社交空间。

图 4-10 赛场夜景照片

图 4-11 BBBC 夜景照片

（a）薄膜光伏组件中庭庇护

图 4-12 两种"膜"对太阳的利用

（b）利用膜材形成中庭遮阳庇护

图 4-12 两种"膜"对太阳的利用（续）

2."储""直"：储能技术与直流电技术

为保证能源在使用过程中的稳态，储能系统是必不可少的。储能系统的主要作用是保证一些重要设备在地震、台风等极端情况下电网无法供电的情况下也能正常运行。更重要的是，可以在平时参与整个电网系统的调峰。此外，它还可用于改善房屋中的负载特性。一方面，可以暂时储存光伏系统产生的多余能量；另一方面，可以减轻电网的供电压力。

电系统中交流供配电系统和低压直流系统两套系统独立运行，直流系统有效降低能耗，交流系统兼容传统电气设备（图 4-13）。储能系统采用固德威的 SECU-A5.4L 磷酸铁锂电池，多个 BMS 电池系统并联的方式扩大储能系统容量。光伏一体机可将光伏所发直流电逆变转换，逆变后的交流电可供建筑自身使用或回馈至交流电网。其中，交流系统配置 6 块储能电池，共计 $6 \times 4.8 = 28.8 kW \cdot h$，离网运行期间可靠最大输出功率 4.6kW。交流设备的设备供电容量为 4.6kW。低压直流发配电系统配置 6 块电池，共计 $6 \times 4.8 = 28.8 kW \cdot h$，离网运行期间最大输出功率是 10kW。经过大致估算，单独由储能电池可以维持供电 24h；若考虑光伏发电和极端天气，系统可以独立运行 48h。在本次比赛中，赛队在 48h 离网挑战中获得满分，且在能源自给自足项目中获得

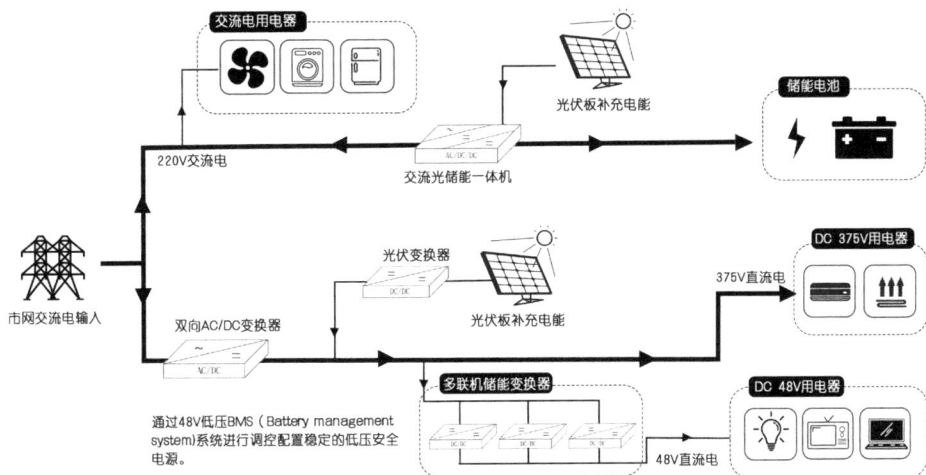

图 4-13 BBBC 项目中的光储直柔系统图

第一名,这也为能源韧性理论提供了支持。

考虑到用电安全与能源使用效率,建筑的供电系统采用独立研制的光储直柔低压直流供配电系统,低压直流供配电有 375V 和超低压 48V 两种供电制式,其中 375V 直流点对点向空调和电地暖等大功率设备直接供电,48V 用于电视、LED 灯具、电脑等电子设备供电,极大程度保证用电的安全性。低压直流供配电系统在高密度电力电子设备场景中,最大限度减少从电源端到用电设备端的电能损耗问题,示范工程数据表明低压直流系统能有效降低能耗,一般能提高能源利用率 5%~8%,同时建筑配电系统兼容交流供电,在直流电器未普及的情况下,建筑依然可以使用传统交流电器。此外,项目组对建筑的用电系统进行漏电保护、过欠压保护、过流保护、绝缘检测,能够保证建筑使用的绝对安全(图 4-14)。

3.“柔”:柔性用电技术与能源分级

项目根据已经提到的需求供给分级,结合能源储备设施,设定了三个能源供给模式:应急模式、节能模式、普通模式。

应急模式能够提供生存、通信和部分生活需求,提供必要照明,手机充电等基础设施用电。节能模式则能够满足生活舒适的需求。普通模式能够满足包含娱乐的所有需求。这三种能源的供给模式可以应对灾后的各种情况,储能模块更是对能源韧性的加强。

三种供能模式能够应对不同紧急状态下建筑的用电需求,在灾难严重时,启动低能耗模式或应急模式,配合储备电池供应电力,应对能源有限,市网供电短缺的情况,能够保障建筑的 48 小时能源完全自给。在有小型灾难产生时,采用普通能耗模式,增加建筑的能源稳定性,可打开所有功能为居民提供更好更舒适的生活(图 4-15)。

电气系统针对三个用电模式也有不同的控制。在普通用电模式下,电气系统处于并网模式,能够稳定保障系统中所有电气设备正常运行,节能模式下(交流系统并网

图 4-14 "光储直柔"直流供配电系统

图 4-15 能源韧性：灾后能源分级利用

开关切换为 BACKUP），将系统中的交流用电设备限制在 4.6kW 以下，并通过上位机控制系统对储能电池进行适当的充电。在应急模式下（离网运行），将系统中的交流功率限制在 4.6kW 以下，直流功率限制在 10kW 以下，极端情况下为保证照明系统和医疗设备正常运行，通过配电柜内部开关主动切除系统部分一般性负载。

BBBC 将用电负荷分为重要负荷和一般性负荷，其中重要负荷主要为医疗相关电器和照明，保持最高电力供应等级。热水器、室内环境控制系统等一般性负荷在电力极度匮乏的情况下，考虑关闭相应负荷，做到"荷随源动"。同时，项目在室内使用直流地暖进行柔性控制，既满足灾后应急的能源韧性供给，又能做到"光储直柔"。

4. 多能互补的能源模式

考虑到灾难的发生地点各有不同，各地拥有的能源优势也不同，设计需在保证装配式的集成高效状态下，做到因地制宜。因此，BBBC 制定多能互补的能源模式，能够融合风能、太阳能、生物质能、运动能等多种能源，根据发灾地区的能源优势合理配置供能系统（图 4-16）。而太阳能作为灾后相对稳定且可再生的清洁资源是多能互补的主要能源来源方式。我国太阳能资源较为丰富，全国总面积 2/3 以上地区年日照时数大于 2000 小时，年辐射量在 5000MJ/m^2 以上，具有利用太阳能的良好资源条件，因此在设计中着重太阳能，配以其他能源互补。且国内当前光伏板生产研发情况较佳，方便灾后短时间内配置能源系统。

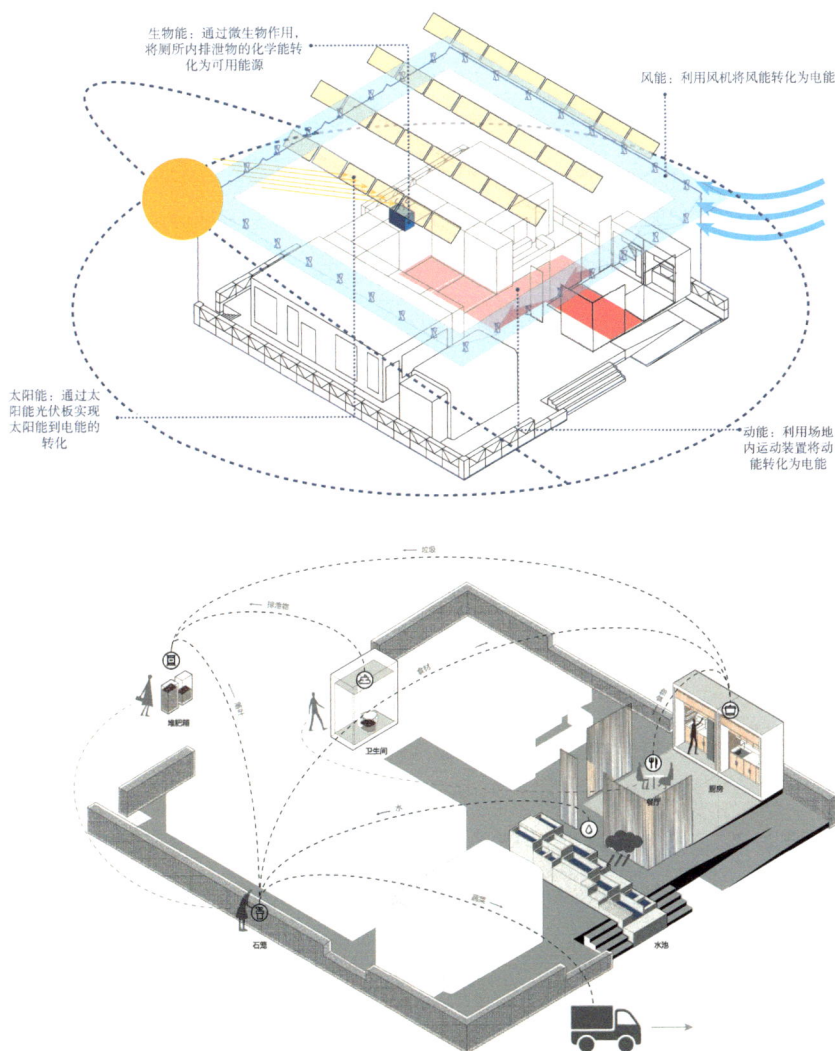

图 4-16 多能互补与农制生计系统

赛场位于河北省张家口市张北县，属严寒气候。当地太阳能资源十分丰富，年太阳总辐射为每平方米 1500~1700kW·h，是河北省光资源最为丰富的地区，这也与项目的能源设计重点相契合。同时，该地具有丰富的风能资源，因太阳能资源即可满足大部分建筑能源供给，建筑配置小型风力发电机，可以并入能源调控体系中。在以风能供给能源的环境可以设置其他类型的风力发电机，最大化适应不同环境。

多能互补的能源不只体现在供电系统，在日常生活中对于多种能源的融合互补也非常重要。团队因地制宜，考虑灾后水资源和食材短缺的现实问题，运用农制生计策略对生活中的水能生物质能进行规划。农制生计策略是灾后恢复阶段灾民公众参与，共同有序恢复经济收入以及心理纾解的手段。因此在农业景观用水的策略中，水循环系统整合了生活用水、雨水两部分，通过净水系统实现水循环利用，净化后的水系统结合灰空间内部的景观种植以及建筑四周的种植，形成景观用水的补给，同时在建筑周围设置石笼用于堆肥回收利用，石笼中可种植蔬菜。石笼填充物除石材以外还可以替换为废竹木、废塑料、废砖瓦碎块、碎混凝土块等灾后产生的建筑废料，对建筑废料的就地利用，也是降低运输能耗，变废为宝的又一项能源举措。考虑到灾后可能会存在资源紧张的情况，团队选用无水分离式马桶，每年有效降低洁具耗水量 48m³。将卫生间使用产生的废物干肥，用作生态石笼的肥料，肥料与雨水回收净化系统产生的水供石笼种植蔬菜使用，从而将建筑中的生物能进行充分利用（图 4-16）。

4.4.2 项目运行效果

1. 建筑自身稳态环境建立

为验证建筑本身实际运行效果，在不使用空调等设备的情况下，团队于今年 7 月进行了环境监测。根据现行国家标准《室内空气质量标准》GB/T 18883—2022，夏季适宜设计温度为 22~28℃，适宜湿度在 40%~80% 之间，7 月 1-3 日整体表现如图 134 所示，其中 7 月 3 日当地下雨，整体环境湿度较高。可以看出当地温差变化较大，湿度变化也随着日光辐射变化较大。而在本项目的室内环境中温度和湿度则保持相对稳定的状态，这与项目保温和防潮的被动式设计息息相关。在保温层面，建筑不仅在墙体预制过程中填入发泡聚氨酯保证结构层的保温性能，同时在建筑内饰面的选择上采用光华膜，其中填充的气凝胶展现出强大的保温效用，其传热系数可达 0.16W/（m²·K）。该种膜材也具有防潮功能，隔离外界潮湿。建筑预制墙板上也进行了防潮设计，从而保证建筑室内温湿度的相对稳定。在不开启设备调控的状态下保证设计舒适，也能在后期更严苛的条件下减少多余能源的使用（图 4-17）。

2. 能源自给自足

在比赛期间能源自给自足环节（该环节内包含 48h 离网挑战）中团队取得能源绩效单项冠军的成绩。在该项环节中，竞赛方要求建筑室内环境须满足以下要求（表 4-1）：

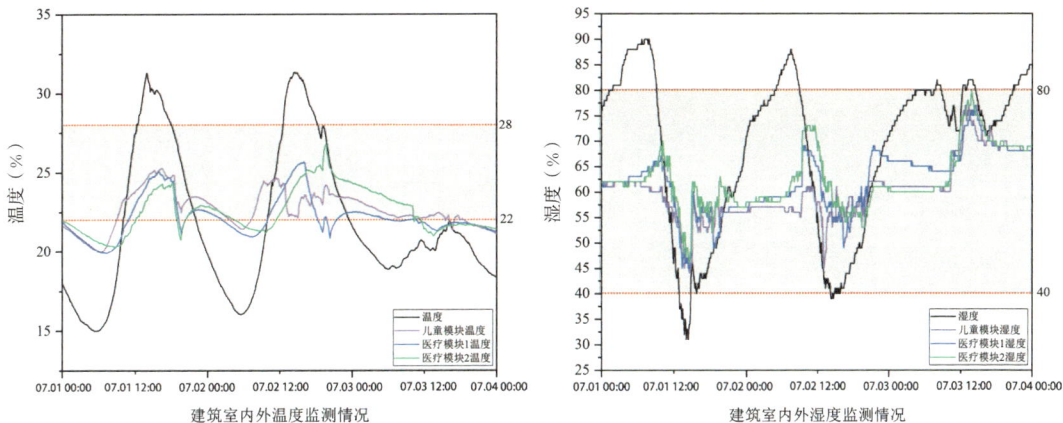

图 4-17 建筑室内物理环境表现情况

SD 竞赛建筑环境相关规定 表 4-1

环境控制范围	
室内湿度	20%~80%
CO_2	小于 2000ppm
$PM_{2.5}$	小于 $75g/m^3$
室温	19~28℃
冰箱冷藏温度	0~5℃
冰箱冷冻温度	−35~−10℃

可以看出，即使不需运行主动式调控设备，建筑自身也基本满足这些需求，因此在能耗使用上，项目也展现出优势。此项环节中要求离网状态下保证各设备运行正常，同时保证室内物理环境数据，团队对项目进行逐月冷热负荷模拟，结果如下（表 4-2）：

能耗模拟逐月冷热负荷 表 4-2

月份	1月	2月	3月	4月	5月	6月	7月	8月	9月	10月	11月	12月
供暖需求（kW·h）	1863	1353	1009	363	83	0	0	0	17	288	1176	1702
冷需求（kW·h）	0	0	0	0	2	39	234	197	29	0	0	0
热负荷峰值（kW）	7.126	7.143	6.239	4.129	2.197	0.026	0	0	1.767	4.148	6.259	6.904
冷负荷峰值（kW）	0	0	0	0	0.286	1.08	1.716	1.498	1.181	0	0	0

计算得出 7 月份制冷设备一天内最大用电量约为 25.9 度电，并结合其他用电器合理设置储能电池容量。由于竞赛在夜晚时对室内环境要求得更为苛刻，需要开设更多

湿度 (25%)　　　　　　　　　　　　　　　二氧化碳 (25%)

湿度测量　　　　　　　　　　　　　　　　二氧化碳测量

PM₂.₅ (25%)

PM₂.₅测量　　　　　　　　　　　　　　　净零排放测量

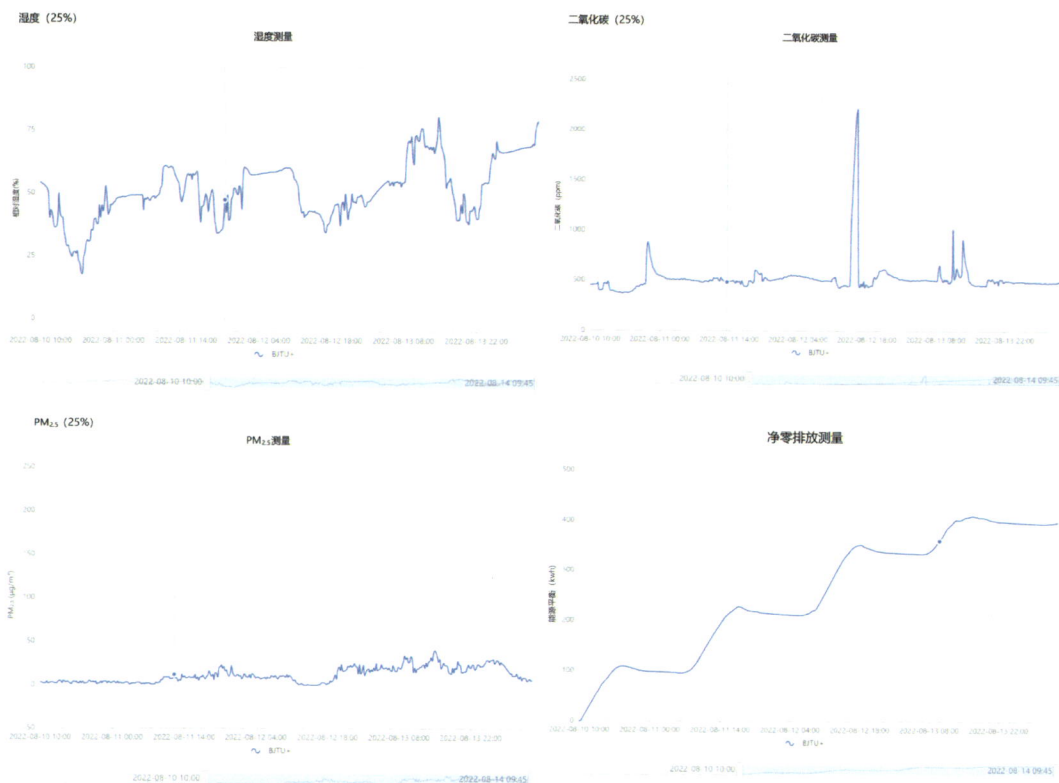

图 4-18　48h 离网表现

的主动式设备进行调节室内环境，"光储直柔"系统在此时就发挥了巨大的作用。48h
离网挑战中，在天气较阴的状况下，保证了室内环境舒适度，"光储直柔"系统供应了
BBBC 的所有用电器能耗，并保证生活热水等供应（图 4-18）。在 48h 的最后阶段，光
伏发电继续工作，储能系统回归满电状态。

　　开始并网后，建筑立刻开始向交流电网反哺电力，最终在 4 天整时间内，保证室
内环境舒适和人员使用电器的情况下做到回馈电网近 400 度电力，相当于普通家庭一个
多月的用电量。据此可以看出"光储直柔"系统的优越性，为减少电能转化造成的损
耗使用直流系统，保证日常生活用电及室内环境舒适，同时又可柔性控制，处理用电
和并网的关系。光储直柔的核心在于"柔"，就是变末端的刚性用电为柔性用电，提高
负载的弹性。在 BBBC 项目中"光储直柔"可以解决风力和太阳能两种能源的调节消
纳任务，是未来"双碳"目标实现和发展的强大模式。尤其在太阳能资源优渥的地区，
"光储直柔"用于建筑屋顶光伏发电的系统，能够满足许多建筑自身使用和发电上网，
而 BBBC 项目在众多赛队中能源自给自足一项脱颖而出，也证实"光储直柔"系统实
施推广的可能性。尤其对于广大农村，"光储直柔"更有了用武之地。

参考文献

［1］ 中国建筑节能协会 . 2022 中国建筑能耗与碳排放研究报告 . 2022.

［2］ Olgyay V. Design with climate [M]. John Wiley & Sons Inc，1992.

［3］ 万丽，吴恩融 . 可持续建筑评估体系中的被动式低能耗建筑设计评估 . 建筑学报，2012（10）：13–16.

［4］ Julia K. Day, David E. Gunderson. Understanding high performance buildings：the link between occupant knowledge of passive design systems，corresponding behaviors，occupant comfort and environmental satisfaction. Build Environment 2015，84（1）：114–124.

［5］ HousesEdwin Rodriguez–Ubinas，Claudio Montero，etc. Passive design strategies and performance of Net Energy Plus Houses. Energy and Buildings，2014（5）：13.

［6］ 杨崴，韩晨阳，杨向群 . 零碳太阳能建筑的探索与回顾——以 2022 中国国际太阳能十项全能竞赛作品"R–CELLS"为例 [J]. 建筑学报，2022（12）：11–17. DOI: 10.19819/j.cnki.ISSN0529–1399.202212002.

［7］ 王崇杰，丁玎 . 2013 年国际太阳能十项全能竞赛 [J]. 建筑学报，2013（11）：110–114.

［8］ 张文豪，孙一民 . 思、学、做——2022 中国国际太阳能十项全能竞赛综述 [J]. 建筑学报，2022（12）：1–10.

［9］ 张文建，何玉林，刘健 . 中国太阳能资源利用现状及发展趋势 [J]. 装备制造技术，2014（11）：137–138+143.

［10］ 曾泽荣，李进，罗多，劳彩凤，余国保 . 中国建筑分式光伏利用现状及未来趋势分析 [J]. 建设科技，2020（20）：10–14+18. DOI: 10.16116/j.cnki.jskj.2020.20.001.

［11］ 国家市场监督管理总局，国家标准化管理委员会 . 室内空气质量标准：GB/T 18883—2022[S].

［12］ 刘晓华，张涛，刘效辰，江亿 ."光储直柔"建筑新型能源系统发展现状与研究展望 [J]. 暖通空调，2022，52（8）：1–9+82. DOI: 10.19991/j.hvac1971.2022.08.01.

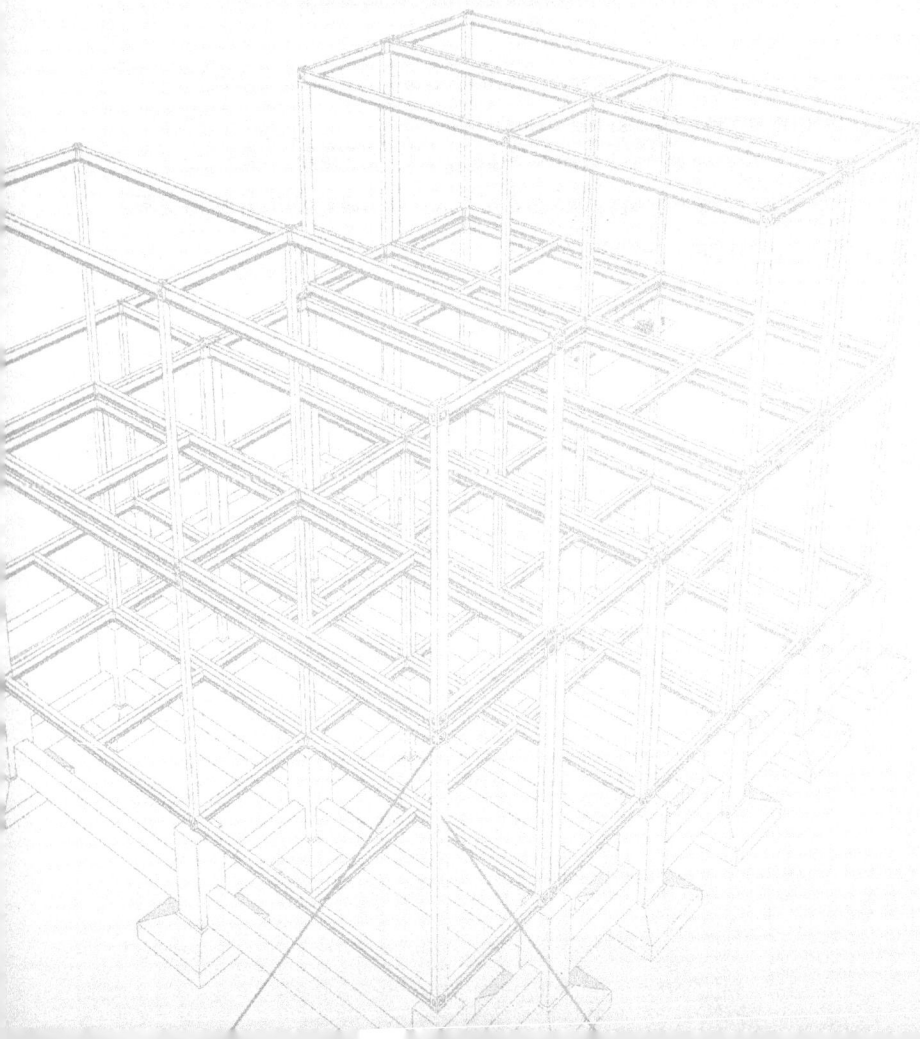

第5章
可持续目标下极端场景的应急建造

　　"十二五""十三五"时期，针对我国大面积不同气候区开展的绿色低碳节能技术已经取得丰硕成果；进入"十四五"时期，随着全球和我国极端冷热气候频发，以提升城市韧性、实现建筑高质量发展为目标，需要进一步针对气候和环境需求提出更有针对性的低碳技术解决方案。这样不仅可以完善我国建筑低碳技术体系，同时为在特定地域气候条件下的代表类型建筑提供低碳排放乃至零碳的技术支撑。

——庄惟敏等《建筑碳中和的关键前沿基础科学问题》

根据SDC 2022年的竞赛规则，在新时期对于竞赛有了新的挑战，主要来自于可持续发展（Sustainable Development）、智慧互联（Smart Connection）、健康（Human Health）。其中挑战1回应了联合国SDG的倡议目标，在气候变化的背景之下，考虑建筑的综合解决方案。

"挑战1——可持续发展：联合国于2015年提出了17项可持续发展目标，作为一项全球行动呼吁，旨在到2030年消除贫困，保护地球，确保所有人享有和平与繁荣。在中国太阳能十项全能赛中，可持续性是所有设计、技术、产品和系统的核心特征。竞赛通过跨学科、跨领域、跨国家的合作所做的一切努力，都是为了实现全人类更可持续的福祉。如联合国开发计划署网站所述：17个SDG目标是一个整体，其中一个领域的行动将影响其他领域的成果，发展必须平衡社会、经济和环境的可持续性。中国太阳能十项全能赛呼吁创新的年轻人通过设计能够应对人们日常现实的综合解决方案，为实现联合国可持续发展目标作出贡献。"

我国发展进入战略机遇和风险挑战并存、不确定难预料因素增多的时期，各种"黑天鹅""灰犀牛"事件随时可能发生。加快城乡的韧性体系建设，探索前瞻性研究成果在应急领域的场景应用，着力提升应急和科技融合程度，是城乡大安全体系的有力保障，关乎国计民生。2022年12月，中共中央、国务院印发《扩大内需战略规划纲要（2022—2035年）》，此纲要是促进我国长远发展和长治久安的战略决策。纲要指出了"强化公共卫生、灾害事故等领域应急物资保障"等关键性目标。虽然我国应对灾难的经验已经有了一定的积累，但在应急建筑适应灾变的韧性能力和有限资源下的效率提升问题仍然显著，相关研究还存在大量的空缺。

因此，在气候变化的背景下，研究可持续应急建筑的韧性体系，具有重要的意义。

（1）建立以可持续为目标导向的应急建筑设计方法的系统性框架，促进城乡应急建筑韧性体系建设。

联合国可持续发展目标（SDG 2030）中将"大幅增加和实施综合政策及计划，构建包括：资源使用效率高、减缓和适应气候变化、具有抵御灾害能力的城市和住区数量"（标准11），以及在环境可持续性的住房和住区中确定"建立、恢复和促进安全、可靠、负担得起和环境可持续的能源供应系统"（标准7）作为关键行动纲要。将可持续性纳入整个项目生命周期中，特别是在初期目标建立期间形成整体性框架，能够解决不全面、不系统等问题。但现阶段在实现人道主义环境中居住建筑的可持续性和复原力方面，不同行动集群之间缺乏凝聚力和综合方法。因此，本书关注建立以可持续为目标导向的应急空间建构的系统性框架，形成基于韧性体系的设计原则。

（2）通过建立应急建筑环境与使用者的身心健康水平的关联性，指导应急建筑设计建造，降低受灾人群的健康风险。

经过研究团队对灾难一线安置居民的调研，发现应急居住环境往往存在着冬季寒冷、夏季高温高湿、缺乏私密性、卫生条件低劣、病菌传播等诸多问题，人居环境舒适度问题仍然显著存在。此外，研究表明灾难过后人群心理往往极为脆弱，良好的居住环境将会对人群心理起到疗愈作用，从而提升受灾人群的复原力。

（3）形成以建造及能源协同提升为导向的一体化设计建造模式，提升灾后人群的复原能力及能源利用效益。

将能源因素纳入灾后应急建筑，提高能源效率（从而提高能源系统的可持续性）可以通过减少对多余能源的需求或利用可再生能源而得到实现，因而对社区的恢复力产生重大影响。能源系统的可持续性提升能够抵御对社区恢复力更广泛的冲击。

5.1　气候变化

5.1.1　气候变化的影响

全球的气候变化是一个不可否认的问题。政府间气候变化专门委员会（Intergovernmental Panel on Climate Change）已经证实"气候系统变暖的科学证据是明确的。"来自美国 NASA 的统计数据（2023 年）显示，与 200 年前相比，地球的生存环境已经发生了重大变化。自 19 世纪末以来，地球表面的平均温度已上升约 2 ℉（约 1℃），大部分变暖发生在过去的 40 年中，其中最近 7 年是最热的。纽约美国宇航局戈达德空间研究所（GISS）的科学家们表示，2023 年的夏季是自 1880 年以来地球最热的夏季。海洋吸收了大部分增加的热量，自 1969 年以来，海洋顶部 100m（约 328ft）的温度升高了 0.67 ℉（0.33℃）。因而海平面正在不断上升，20 世纪全球海平面上升了约 8in（约 20cm）。然而，过去二十年的速度几乎是 20 世纪的两倍，并且每年都略有加快（图 5-1、图 5-2）。

这些变化主要是由于大气中二氧化碳排放量的增加和其他人类活动而造成。大气中的 CO_2 加热了地球，引起了气候变化。人类活动在不到 200 年的时间里将大气中的二氧化碳含量提高了 50%（图 5-3）。这一趋势对于气候系统产生了严重的影响，包括全球气温上升、冰川融化、海平面上升、极端天气事件增多等问题。陆地和海洋破纪录的热浪、暴雨、严重洪水、常年干旱、极端野火以及飓风期间的大面积洪水都变得更加频繁和严重。

从世界范围来看，中国是受自然灾害危害最严重的国家之一。根据中国应急管理部发布的自然灾害统计数据，2022 年排名前十的自然灾害共计造成 6399 万人受灾，不同程度损坏房屋 48 万余间，造成直接经济损失 1528.8 亿元。气候变化加剧了与天气有

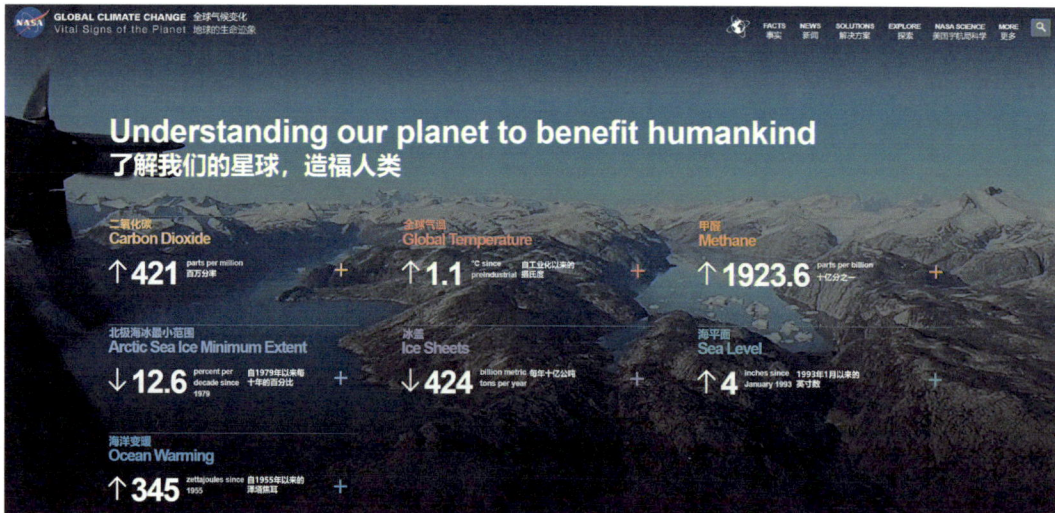

图 5-1　美国 NASA 对气候变化的数据统计

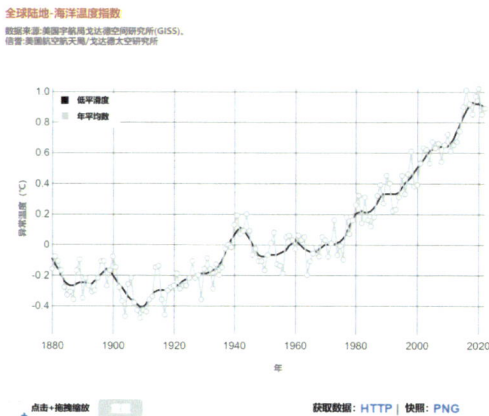

图 5-2　美国 NASA 对 1880 年以来的温度变化的
数据统计

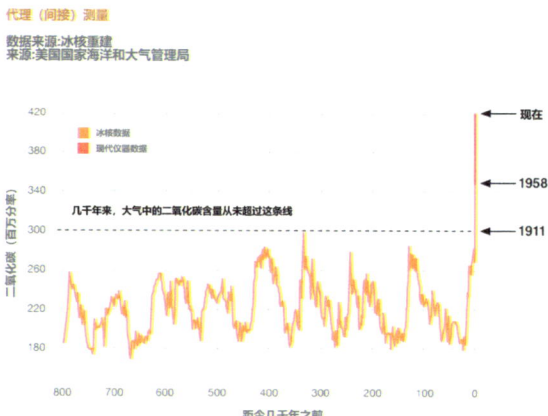

图 5-3　美国 NASA 对近 800 年以来的 CO_2 变化的
数据统计

关的自然灾害。自 1960 年以来，全球与天气有关的灾害数量增加了两倍以上，应急建造的需求更加迫切（图 5-4）。在许多情况下，由于需要首先保护居民的基本需求，应急救灾更关心住房解决方案的结构建造，而不是可持续性问题，长期的可持续性往往被看作是次要的。但从实际情况来看，现阶段应急救援建筑建造速度、舒适度问题、运输问题、能源供给问题仍然显著存在。在应急阶段无法实现全部高品质居住环境标准的情况之下，有限资源利用的相互匹配协同就显得非常必要。

5.1.2　生态理念下能源与资源利用的灾后建筑设计与建造

自然灾害包括地震、传染病、洪水、虫灾、风暴等，其中以地震、洪水、风暴对人类居住环境威胁最大。从世界范围来看，中国是受自然灾害危害最严重的国家之一，

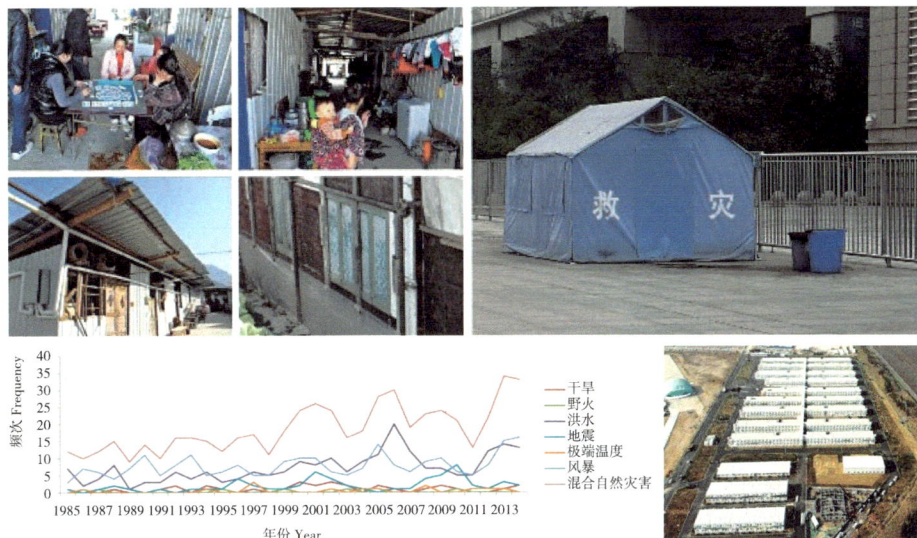

图 5-4　1985 年至 2014 年中国自然灾害情况统计

资料来源：Han W，Liang C，Jiang B，Ma W，Zhang Y. Major Natural Disasters in China，1985–2014：Occurrence and Damages. International Journal of Environmental Research and Public Health. 2016；13（11）：1118. https：//doi.org/10.3390/ijerph13111118.

每年直接受灾人数占总人口的 10%，导致每年有 500 多万人因为自然灾害的影响而家园受损。在全球环境不断恶化，气候问题突出的当下，可持续发展的人居环境也在全球范围内被广泛重视。

近年来，国内研究重点主要集中在轻型装配式结构系统，是面向快速建造与市场应用的研究。朱竞翔等基于震后灾区校舍重建，开发以轻钢结构为核心的预制装配式轻型建筑系统，并在空间适应、复合围护、建筑高度、基础形式、可移动性等方面进行持续拓展。张宏等致力于工业化装配住宅体系研究，开发数代以铝型材结构为核心，整合标准化工业部品的住宅产品体系，形成结构体、围护体、内分隔体与内装、内外设备体四大功能系统，并通过特定的装配流程组织、工艺技术以及构造系统实现快速装配。

安全可靠的能源获取是每个人的基本需求，尤其对于那些处于流离失所环境中的人，因此，对能源的考虑将成为人道主义行动的重要组成部分。然而，目前的救灾现状却并非如此乐观。在灾后的环境中，多功能、易于建造和具有良好室内环境的节能应急建筑可以支持人道主义工作。另一方面，由于市政电网的电力供给在灾难期间可能会中断，影响灾后的基本生活，因此集成风能，太阳能和其他可再生能源的多能互补模式可以保证基本能源供给。能源智能型建筑设计对于应急建筑的能源管理十分重要。近年来，利用太阳能实现应急建筑能源弹性的研究越来越多。刘畅将太阳能电池与建筑结构相结合，而 Kalpana 等人设计并利用太阳能发电系统来建造具有弹性能源供应的小型避难所（表 5-1）。

灾后安置建筑按使用特点分类 表 5-1

类型	定义	特点	代表人物/企业	代表作品	功能	结构体系	建造时长	案例照片
紧急救援类	迅速搭建的灾后应急类建筑	方便运输、迅速搭建、使用时间较短、可重复使用	宜家	宜家太阳能平板组装避难所	居住为主功能自定	轻钢框架	4h	
			WY-TO公司	"生活罩"临时避难屋	居住	轻钢框架+预制墙板	工厂预制	
			南佛罗里达大学	全能角落—组合式模块化住宅	功能自定居住为主	轻钢框架	2h	
			坂茂	卢旺达比温巴难民营	居住为主	纸筒	—	
快速过渡类	快速搭建的、可较长时间使用的临时性灾后重建建筑	以小型公共建筑为主、较快速搭建、可使用10~30年	朱竞翔	新芽学堂等	学校	轻钢框架+预制墙板	14天	
			坂茂	华林临时小学	学校	纸筒	4天	
长期性恢复类	基于在地性与乡土做法的长期性灾后重建建筑	乡土材料及做法、价格较低、长期使用	谢英俊	青川里坪村灾后重建	居住为主	轻钢结构	—	
				茂县杨柳村灾后重建	居住为主	首层石墙承重二层轻钢结构	—	
能源应急类	受灾安置点的能源供应站及综合服务类建筑（医疗、管理等）	技术集成、价格高昂、整体性强	大和房屋租赁公司、吉村靖孝	EDV-01紧急避难所	能源供应站/综合服务点	金属框架结构	工厂预制	

资料来源：项目组。

5.2 量化灾后建筑的可持续性

5.2.1 国内外量化自然灾害后的可持续性的标准及规范

　　自然灾害一直以来是威胁人类生存和发展的重大障碍。在全球环境不断恶化，气候问题突出的当下，可持续发展的人居环境也在全球范围内被广泛重视。针对灾后临时安置建筑设计国内外政府和相关机构推行了一系列设计导则及评价标准，从规划布局、结构设计等方面对临时安置建筑进行指导，且逐渐开始完善对可持续性、环境健康等方面的考虑，并关注灾后安置的可持续性的衡量。我国出台的《地震灾区过渡安置房建设技术导则（试行）》和《地震后重建家园指导手册》等，从规划布局、结构设计等方面对临时安置建筑进行了指导。英国建筑研究院信托基金（BRE Trust）研发的灾后可持续性自评工具 QSAND（自然灾害后可持续性的量化），作为综合性建成环境工具，则提供了可持续性方面的评估方法（表 5-2）。

国内外灾后安置建筑相关导则及标准　　　　　　　　　　　　　表 5-2

年份	书名或文件名	国家	发布者	主要内容
2008 年	《地震灾区过渡安置房建设技术导则（试行）》	中国	中华人民共和国住房和城乡建设部	从规划布局、结构设计等方面对临时安置建筑进行指导
	"地震后重建家园指导手册"丛书（7 册）	中国	仇保兴主编	全 7 册包括：1.《震后重建案例分析》；2.《川西灾区基础资料汇编》；3.《灾区重建规划指导手册》；4.《城乡规划和抗震设计规范》；5.《鉴定加固和检测维护规范》；6.《地震灾后生命线工程修复加固与重建技术手册》；7.《震后乡镇典型调查分析》
2010 年	QSAND（"自然灾害后可持续性的量化"）	英国	IFRC 与英国建筑研究院（BRE）	综合性建成环境工具，在可持续性方面提供指导和评估方法
2011 年	《灾后过渡性安置区基本公共服务　第 6 部分：帮扶救助》GB/T 28221.6—2011	中国	中华人民共和国国家质量监督检验检疫总局、中国国家标准化管理委员会	本部分给出了灾后过渡性安置区环境服务的基本原则、服务内容、服务管理及服务质量适用于规模达到 1000 人以上、存续时间 3 个月以上的安置区内的环境服务
2015 年	《地震灾区预防性消毒卫生要求》WS/T 481—2015	中国	中华人民共和国国家卫生和计划生育委员会	规定了地震灾区灾后抢救阶段和临时安置期预防性消毒的基本原则、对象、方法与技术要求。本标准还规定了消毒过程质量控制及效果评价要求
2018 年	《疾控中心灾害庇护所环境健康评估表》更新版	美国	美国疾病预防控制中心	旨在作为一种标准工具，以迅速评估和监测住房设施的环境卫生条件，保护灾害避难所居住者的健康和生活环境

资料来源：项目组整理。

卫生应急和灾害风险管理框架（Health-EDRM）是对这一挑战的重大回应。它强调预防、准备和就绪以及应对和恢复对拯救生命和保护健康至关重要。显示了整个卫生系统如何发挥基础性作用。SPHERE 环球计划给出了人道主义宪章与人道救援响应的最低标准，是国际红十字会与新月红十字会联合发起的产物。该标准通过尽可能采取措施，减轻灾害或冲突给人们造成的痛苦。QSAND 是专门针对灾后可持续性的自评价工具，包含了紧急救援 72h 内的评价框架 CAT 以及 72h 之后过渡恢复阶段的评价框架 PAT，从可持续的视角将评价议题分成了庇护所和社区、安置地、材料和废物、能源、饮水和卫生设施、自然环境、通信和交叉问题 8 个大类，形成了基于可持续视角下量化灾后建筑的量化框架体系（表 5-3）。

QSAND、SPHERE 和 HEALTH 标准内容对比分析 表 5-3

	QSAND	SHPERE	Health-EDRM
全称	量化自然灾害后的可持续性 Quantifying Sustainability in the Aftermath of Natural Disasters	人道主义宪章和人道主义应急最低标准 The Sphere Handbook: Humanitarian Charter and Minimum Standards in Humanitarian Response	应急和灾害风险管理框架（Health-EDRM）Health: Emergency and Disaster Risk Management Framework
定位	自我评估工具，以推广及告知自然灾害之后进行救援、恢复和重建的可持续方法	人道救援响应最低标准	应对当前和新出现的公共卫生风险以及有效利用和管理资源的需要。H-EDRM 框架提供了一种共同语言和一种全面的方法，可供卫生及其他部门的所有行动者加以调整和应用，以减少紧急情况和灾害的健康风险和后果
宗旨/愿景	推广及促进自然灾害之后在庇护所和安置地工作中进行救援、恢复和重建的可持续方法，以确保在短期和长期内对社区产生经济、社会及健康福利，同时支持和保护自然环境	确保各机构救援的质素和问责性，保障受灾害或者冲突影响的人群获得有尊严的基本生活条件和应有的权利	为所有面临紧急情况的人提供尽可能高的健康和福利标准，以及更强大的社区和国家复原力、卫生安全、全民医疗覆盖和可持续发展
基础文件	可持续发展目标（SDG）	人道主义宪章	从世界卫生大会和区域委员会决议、区域战略、国家政策、国际和国家标准和指南、联合国可持续发展目标、《2015—2030 年仙台减少灾害风险框架》《气候变化巴黎协定》中得到启发，关于实施《国际卫生条例》（2005 年）和世卫组织卫生专题平台 H-EDRM 及其相关研究网络的活动的指南
侧重点	对自然灾害/风险（前后）建筑与多部门、多学科的合作	对自然、人为灾害发生后的多部门、多学科的人道主义救援	对自然、人为灾害/风险（前后）卫生部门与多部门、多学科的合作
回应的阶段	灾后——紧急、过渡、恢复重建	灾后——紧急	全面的应急管理：预防、准备、响应和恢复
发起方	BRE、IFRC	全球多个 NGO、IFRC	WHO
主要构建内容	1.庇护所和社区；2.安置地；3.材料和废物；4.能源；5.饮水与卫生设施；6.自然环境；7.通信；8.交叉问题	1.供水、环境卫生与卫生促进；2.住所及安置；3.食品保障及营养；4.医疗卫生	1.政策、战略和立法；2.规划和协调；3.人力资源；4.财政资源；5.信息和知识管理；6.风险沟通；7.卫生基础设施和后勤；8.卫生和相关服务；9.社区能力；10.监测和评估

资料来源：项目组整理。

5.2.2 灾害风险与应急救灾领域的理论研究

韧性也被称为弹性、恢复力等，其概念起源于工程机械领域，表示物体在外力作用下变形后恢复到原始状态的一种能力。韧性理论引入灾害风险管理领域，为世界防灾减灾实践提供了新理念，并在国内外韧性城市社区建设中得到广泛应用，形成了"韧性城市""韧性社区"等概念。2005 年第二次世界减灾大会、2015 年第三次世界减灾大会均将国家韧性与社区韧性问题作为重要的全球性议题。在联合国国际减灾战略（UNISDR）的引领下，相关学术团体就韧性理论的发展与应用开展了大量研究工作。

如美国国家标准与技术研究院（NIST）2015年颁布了《社区韧性规划指南》，以帮助社区制定韧性规划；美国联邦应急管理署（FEMA）在《2018—2022年战略规划》中，提出要建设准备充分的、有弹性的国家，并以此为愿景制定了备灾规划等等。韧性理论是基于社区空间层面、居民驱动力层面与组织能力层面的自下而上的风险管理方式，相比于自上而下的风险管理方式更能符合常态化的社会风险需要。研究发现，韧性理论视角下的社区适灾能力的增加会缩短灾区恢复重建时间，并在后期发展恢复中发挥更明显的作用。

在灾害风险与应急救灾领域的理论与实践研究中，可以从宏—中—微三个层面概述现有的研究进展，包括韧性城市与公共安全风险治理、避灾空间优化、受灾人群感知与灾后恢复三个方面。国内大量的研究集中在2008年汶川地震发生之后，近三年主要集中在应对新冠肺炎的应急庇护领域（表5-4）。针对应急与科技结合的方法与手段研究应具有延续性，长期做好前沿理论与实践应用的双重储备。

灾害风险与应急救灾领域的研究综述　　　　　　　　　　　表5-4

研究类型	研究内容	代表性研究者	研究总结
韧性城市与公共安全风险治理	从城市规划、建设和管理视角强化城市韧性和协同目标，为风险有效治理创造科学依据	中国矿业大学曹惠民，华中科技大学谭刚毅，同济大学王云才，同济大学周俭，西南交通大学杨春燕，东南大学张彤等，西安建筑科技大学李岳岩，印度尼西亚技术研究所Saghita Desiyana Maurischa	从宏观层面分析韧性理论在城市和建筑层面的系统架构，但从可持续视角量化灾后应急建筑韧性体系尚不完善
避灾空间设计优化	从城市和建筑空间营造的视角，提出应对灾害的空间优化系统和设计策略，形成安全、舒适的避灾环境，并必要考虑建筑的可持续发展问题	重庆大学褚冬竹，重庆大学李云燕，华南理工大学赖文波，东南大学蔡凯臻，广州大学罗国辉，南京工业大学张伟郁，西南交通大学沈中伟，天津大学张玉坤，西安建筑科技大学成辉，香港中文大学吴恩融，北京交通大学李珺杰，英国罗伯特戈登大学Leslie Mabon	在灾后应急建筑设计和技术策略方面进行了大量的积累，但如何协同设计、建造和能源的关系，从而发挥协同效益，尚存在不足
受灾人群感知与灾后恢复	从灾后人群的生理和心理、环境恢复情况等视角，分析灾后环境和人员的复原力	哈尔滨工业大学薛名辉，高雄师范大学黄孙权，北京交通大学李珺杰，大连理工大学唐建·新加坡南洋理工大学＆苏黎世联邦理工学院Patrick Daly	具有一定的研究基础，但过往研究较为主观。若结合人因技术的客观测量，找到科学实证的方法，可形成依据

5.3　灾后环境问题调查综述

应急或过渡性安置建筑由于建造条件的限制往往导致生活环境欠佳。这些应急建筑的健康危害通常也十分突出。热舒适性差和过度潮湿是临时住房中常见的健康危害。在四川的灾后调查中发现，受灾群众的门诊就诊次数也有所增加。加之灾后往往面临恶劣的气候条件，长期住在室内条件不佳的临时场所更加影响受灾群众的身心健康，因此考虑庇护所的环境建造如何影响健康十分必要。在安置点的室内环境方面，超过80%的受访者经常或偶尔感到室内过热过湿；即使受访者没有感到室内高湿度引起的不适，但室内家具、餐具和其他物品存在严重的霉菌问题；空间狭小，居民人数多，隐私性差等室内环境问题也高频发生。如果室内环境问题得不到解决，将直接威胁受灾群众的健康。此外，由于经受过灾害惊吓，受灾人群对摄氧的需求量提高。因此，国家标准《防灾避难场所设计规范（2021年版）》GB 51143—2015中强调了自然通风与采光的必要性，并明确通风的最小面积需求。除了基本生理需求外，数据统计近些年发生灾害后的群众，具有更多的诉求体现在沐浴、隐私、通信、网络等方面。

在灾后能源短缺的情况下，将消耗有限的能源来保证室内空气的基本环境质量。尽管住房与能源之间这些明显的联系需要解决，但在当前的2018—2022年全球住房集群战略中，"能源"考虑因素一次也未被提及。国内外相关研究表明在灾后情况下，多功能、易于建造、精心设计和具有能源韧性的应急建筑以及健康的室内环境可以支持人道主义工作。特别是电网在灾害期间可能会中断，因此集成风能、太阳能和其他可再生能源的混合电源可以帮助保护灾后基本能源的使用。

基于相关研究现状分析，可以得知国内外对防灾和备灾工作给予了长期持续关注，其相关的研究成果也较为丰富，为本课题的研究提供了重要的参考价值与研究基础。但针对灾后应急建筑系统性的架构以及可持续性能协同提升的方法的还存在不足，具体而言可以分为：

（1）基于人道主义背景下，现阶段实现应急建筑居住环境的可持续性和复原力方面，不同行动集群之间缺乏凝聚力和综合处理方法。

（2）缺乏基于人群心理与生理特点结合的社会促进型人居空间设计模式研究，如何在舒适度、人性化、应变性方面提升灾后应急建筑适应能力的研究依然迫切。

（3）为受灾群众提供安全稳定的清洁能源解决方案是可持续应急建筑设计和建造的关键要素，可以预期能源考虑将被有效地纳入人道行动领域的主流，但目前能源与应急建筑建造一体化的相关研究非常有限。

5.4 可持续灾后应急建筑实例：BBBC

BBBC可持续灾后应急建筑项目团队组依托2013年四川4·20雅安地震芦山灾区、2020年四川内江8·17洪峰灾区以及四川雅安参加"应急使命·2021"抗震救灾演习等多次的现场调研及访谈，结合国际QSAND评价框架，设计建造完成了一座可持续灾后应急社区中心的示范建筑项目。项目建设于河北省张家口市，建筑面积约155m²，场地占地面积400m²，功能包含了医疗、儿童活动、公共厨房、公共卫生间、独立居室以及一个半室外的棚架空间。

结合国内外的标准规范以及国际的量化方法，以 QSAND 为基础，BBBC 的设计框架从量化可持续灾后人居空间的视角，建构体系分为 8 个大类，包括：（1）庇护所和社区；（2）舒适人居空间；（3）材料与废物；（4）能源；（5）水资源与卫生；（6）人文关怀；（7）智慧救援与管理；（8）交叉问题。项目中每一项对应展开为若干子项，共计 33 项技术重点（图 5-5~图 5-8）。

庇护所与社区	1.轻质建筑		水资源与卫生	18.水循环系统
	2.折叠空间设计			19.水品质标准
	3.灵活功能模组			20.生态厕所
	4.装配式快速建造		人文关怀	21.共享性公共参与
	5.悬浮基础			22.情绪地图
舒适人居空间	6.舒适的温湿度调控			23.无障碍设计
	7.合理的自然采光和通风			24.特殊人群关注
	8.良好的空气品质		智慧救援与管理	25. CLOUD-智慧备灾系统
	9.灵活空间隔断的隐私保护			26.远程医疗
材料与废物	10.可回收全铝结构			27.智慧体检
	11.模块梯次循环（30次以上）			28. BAG 72小时应急救援包
	12.灾后建筑废料再利用		交叉问题	29.公共参与建造
	13.再生材料利用			30.经济可行性
能源	14.高效太阳能系统			31.农制生计
	15.多能互补			32.健康厨房
	16.全直流建筑			33.灾后生理、心理修复
	17.柔性负载			

图 5-5 BBBC：量化可持续应急人居空间的 8 个大类
资料来源：项目组。

图 5-6 BBBC 建筑项目鸟瞰图
摄影：吴炜。

图 5-7　人视点透视
摄影：李珺杰。

图 5-8　庇护所内部庭院
摄影：李珺杰。

5.4.1　可持续应急人居空间的时序性体系

设计研究首先着眼于受灾后的不同阶段的需求展开不同的应对策略，提出一套 BBBC（Bag + Box + Building + Cloud）的紧急救援庇护所的整体框架。BBBC 的可持续应急人居空间的模式考虑到了从发灾后的第一时间到整个灾后救援的全周期进程（图5-9）。根据时间线提出了"备灾包（Bag）、备灾盒（Box）、备灾房（Building）、备灾云（Cloud）"的概念（图5-10）。

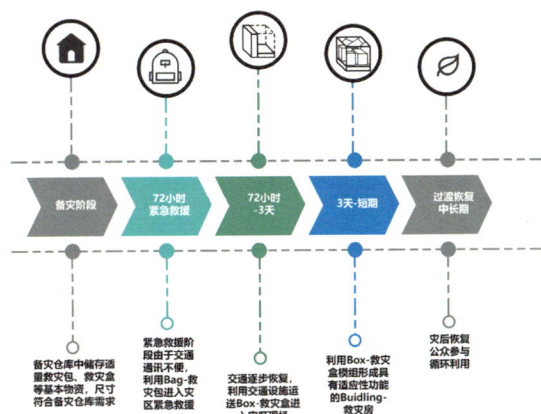

图5-9　时序演绎下的可持续灾后应急需求
资料来源：赵如月。

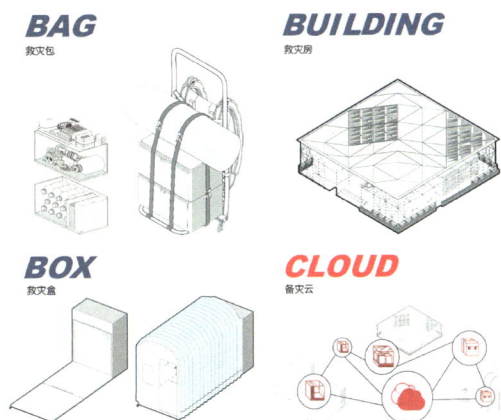

图5-10　BBBC 备灾救灾体系
资料来源：黄宇轩。

（1）备灾包针对前72小时紧急救援阶段。交通、通信阻断，物资紧缺，没有大型的机械帮助，解决医疗队、救援队的快速救援需求。备灾包的设计中整合必要的物资、仪器（或工具）以及简单的支撑、遮蔽材料，并且提供轻量化背负、能源自给、医疗救灾、临时居住等多种应急复杂问题。备灾包含有三种类型，分别是医疗模盒、能源模盒和庇护模盒（图5-11）。

（2）备灾盒针对于72小时后重建阶段。为应对灾后复杂环境的运输和现场快速搭建的要求，选取轻型结构框架和快速装配围护体系。模块尺寸为 1.2m（宽）×2.4m（长）×2.7m（高），利于在交通不便的情况下，最大幅度的体积压缩运输到现场，在使用时释放模块中折叠的空间，空间扩大5倍（图5-12、图5-13），满足紧急医疗救治、受灾群众的庇护和设备的空间需求，同时解决灾后的私密性、安全性和卫生性问题。太阳能电池板将为庇护所解决能源需求。

（3）备灾房（Building）应对灾后恢复阶段。过渡性建筑依靠能源模块展开附属空间，通过模块化的拓展思路，形成多样的空间组合，进一步提升空间的舒适性和多功能性。组合形成更加完善的医疗卫生、居住休息、社区活动、共享交流的社区中心或者家庭居住空间。在灾后恢复更长的一段时间内，通过合理的社区规划和空间布局，

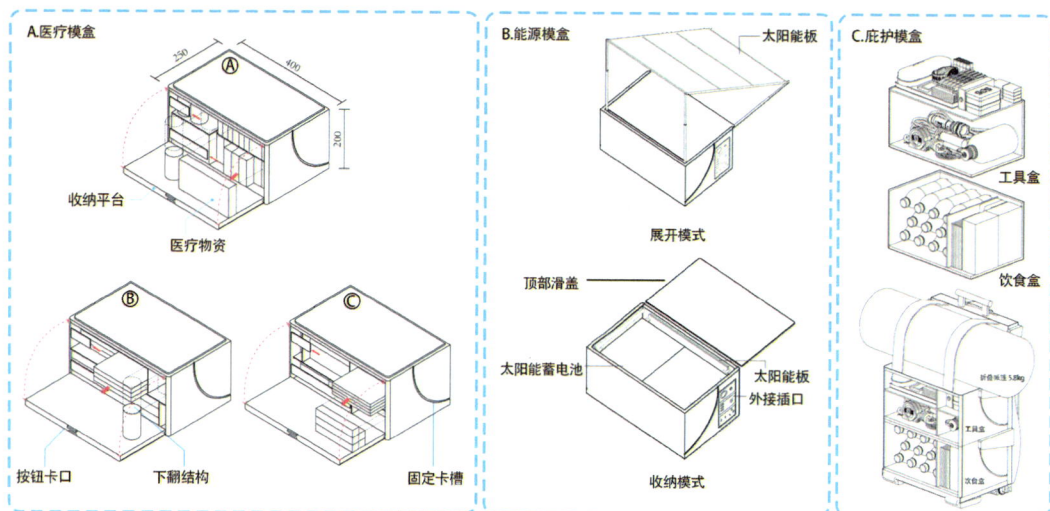

图 5-11　72 小时紧急救援的救灾包及背负系统
资料来源：金怡淳。

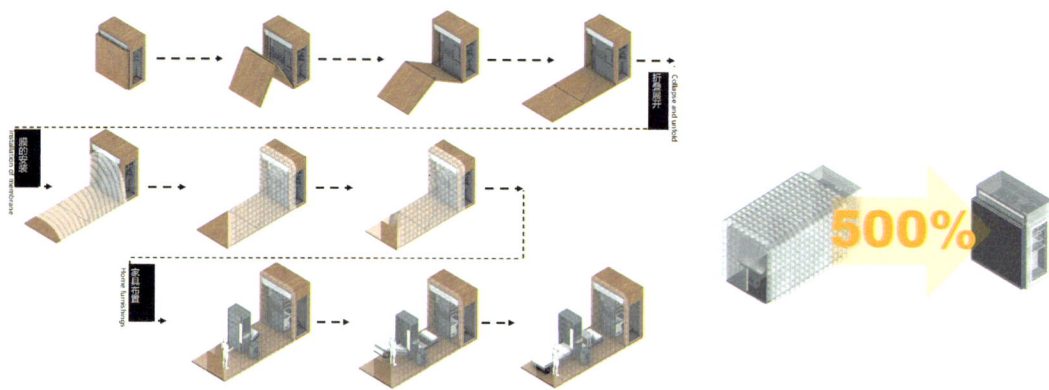

图 5-12　备灾盒的空间扩展模式
资料来源：黄宇轩。

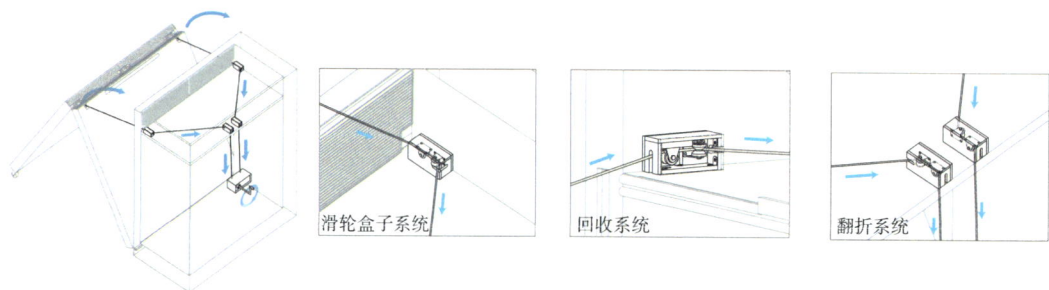

图 5-13　空间扩展节点
资料来源：黄宇轩。

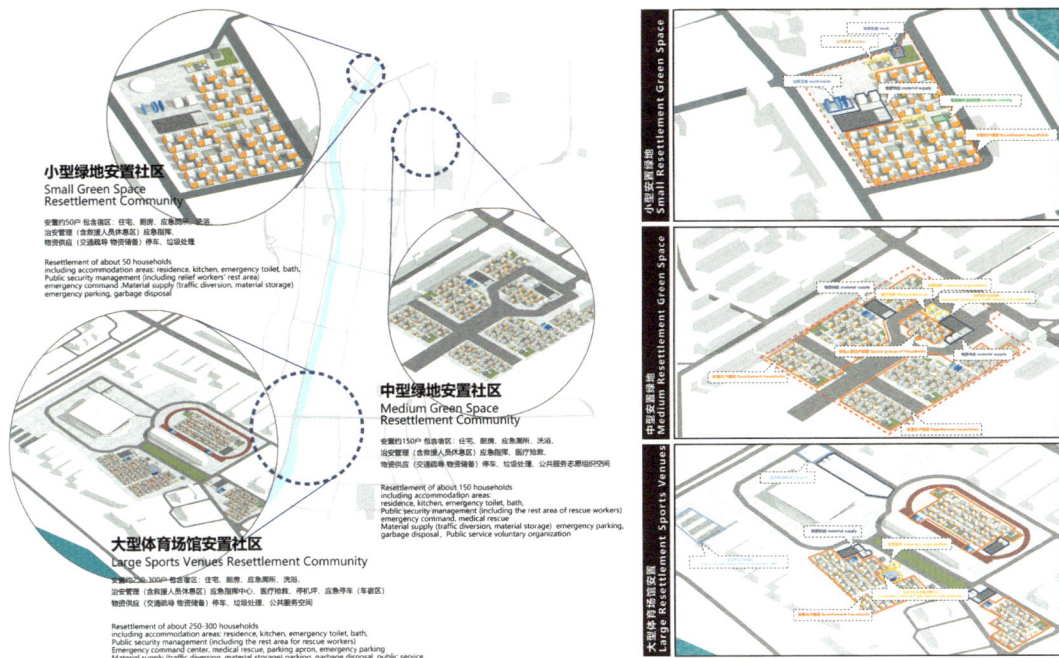

图 5-14　不同救灾模式下的模块拓展

资料来源：项目组。

逐步完善社区功能，在公众参与的模式下，带动村民共同搭建，完善社区生活功能需求，优化建筑品质，满足灾后更大规模的人群安置和管理善后等工作需要（图 5-14）。

（4）备灾云（Cloud）针对发灾前的备灾阶段。物料都由备灾云系统统一调配，存放在各个仓库中。发灾后，在智慧系统的调控下，以信息流、物质流、时间流的方式整合多种救灾策略成为智慧灾备系统，平战结合，贯穿备灾—救灾—安置—恢复全过程（图 5-15）。

5.4.2　韧性理论背景下的自然灾害庇护所

韧性的概念起源于工程机械领域，表示物体在外力作用下变形后恢复到原始状态的一种能力。依据可持续发展的理论，在应急人居空间中架构基于社会、环境和经济要素的空间构成模式；设计提出可持续灾后应急的备灾—救灾—过渡恢复的具体策略框架，设计重点探讨"空间韧性""结构韧性""能源韧性"三个方面，与之对应的是可持续应急空间的设计、建造和运行三个阶段。

1. 空间韧性

（1）灵活模组

BBBC 在空间布局上体现出了使用模式上的韧性调节。建筑由 14 个模块组成，根据备灾仓库的尺寸，每一个模块在折叠状态下的尺寸都是 1.2m×2.4m×2.7m，其中包含了 4 个医疗模块（候诊厅、清创、手术模块）（图 5-16）、2 个儿童活动模块

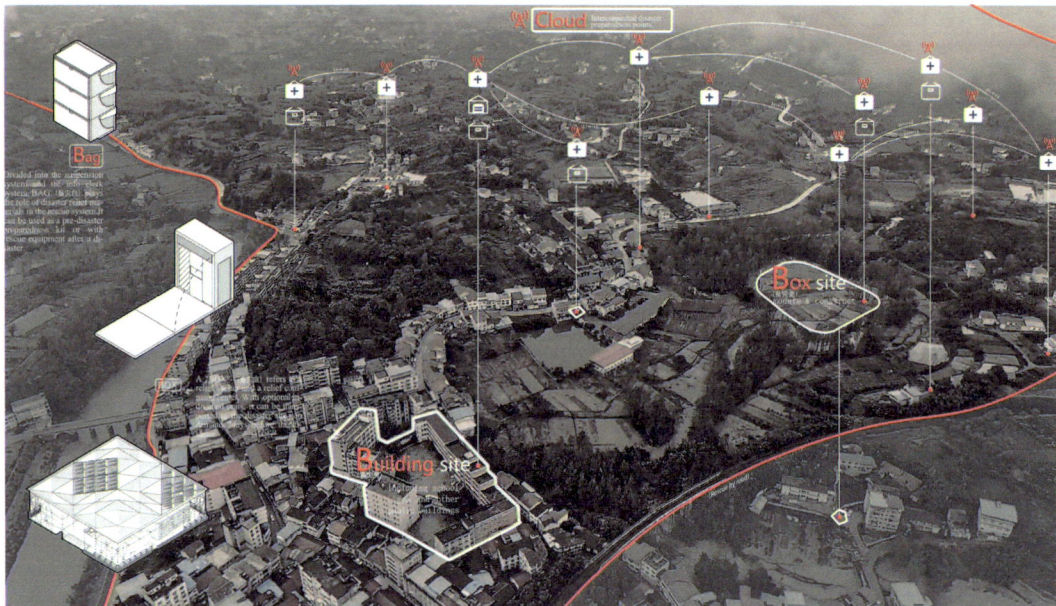

图 5-15　BBBC：可持续应急人居空间的时序性体系
资料来源：项目组。

图 5-16　医疗模块室内照片
摄影：黄宇轩。

（图 5-17）、1 个零售模块、2 个设备间模块、1 个厕所模块、1 个浴室模块、2 个厨房模块以及 1 个展示模块等多种类型的空间形式。14 个模块组成了 155m² 的建筑空间，作为一个灾后公共社区服务中心，为弱势群体提供救助。根据不同灾后需要，功能模

图5-17　儿童模块室内照片
摄影：黄宇轩。

块可以排列组合成多种空间功能配置，从而实现不同用途的空间模式拓展，例如灾后方舱医院、救助中心指挥部、临时学校或幼儿园、社区医疗中心、灾民居住安置点等（图5-18）。

（2）外向型空间模式

建筑组成了两种不同程度的庇护空间。一是利用脚手架快速搭建起来的棚膜下庇护空间。地震泥石流等自然灾害过后，往往伴随长时间的大雨，这又进一步提升了灾民的救护难度，并且给物资堆放、物资发放也提出了挑战。BBBC的室外部分一个大型的棚膜庇护，这种灰空间的营造也同时为一般受灾灾民提供了一个基础的户外活动场所。由模块组成的室内空间，则是对弱势群体更深度的保护，例如受伤的灾民、老年人、妇女及儿童。在室内空间通过良好的保温、隔热设计，提升了室内环境的舒适度，给灾后的弱势群体提供更好的居住条件。建筑模块所有的空间出入口都开向半室外的棚膜，利用棚下空间实现通行、等候等需求，这样可以大大压缩室内的空间面积，减少在灾后环境下建造的工程量（图5-19、图5-20）。

2. 结构韧性

（1）全铝结构模块化建筑

作为常见的制造材料，铝型材具有与同等体积钢、铜或黄铜材料重量的三分之一，其材性具有优良的机加工性能，可制造为多种工业化标准构件。此外，铝具有极

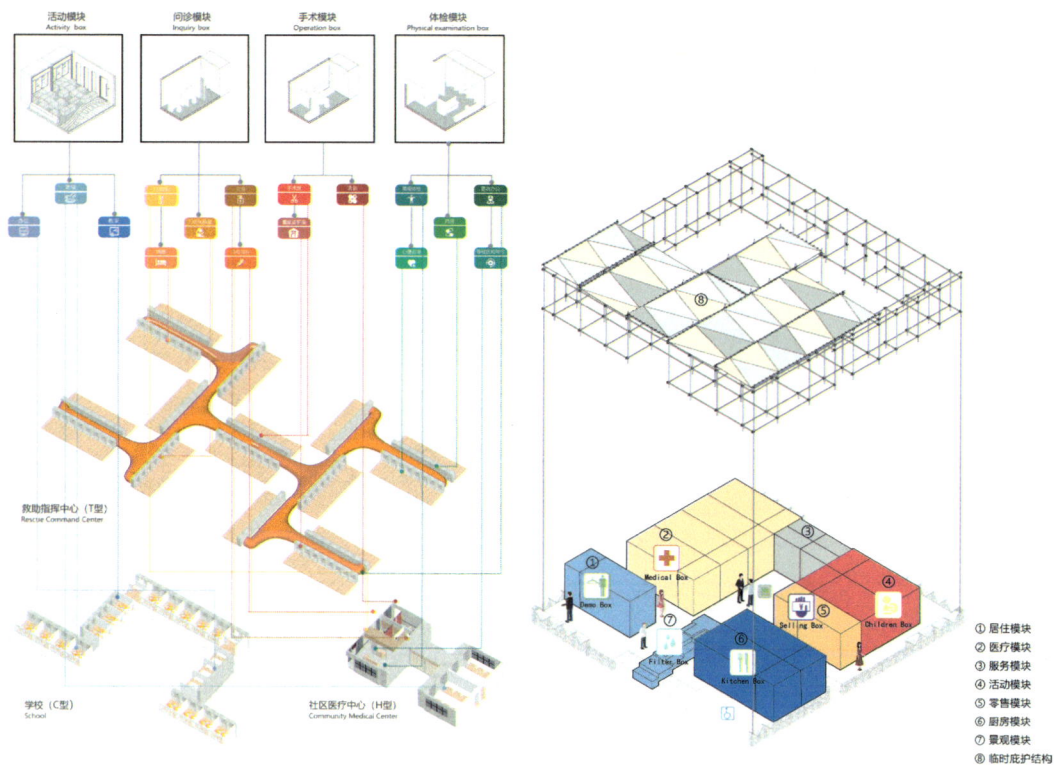

图 5-18　灵活模组的功能扩展
资料来源：项目组。

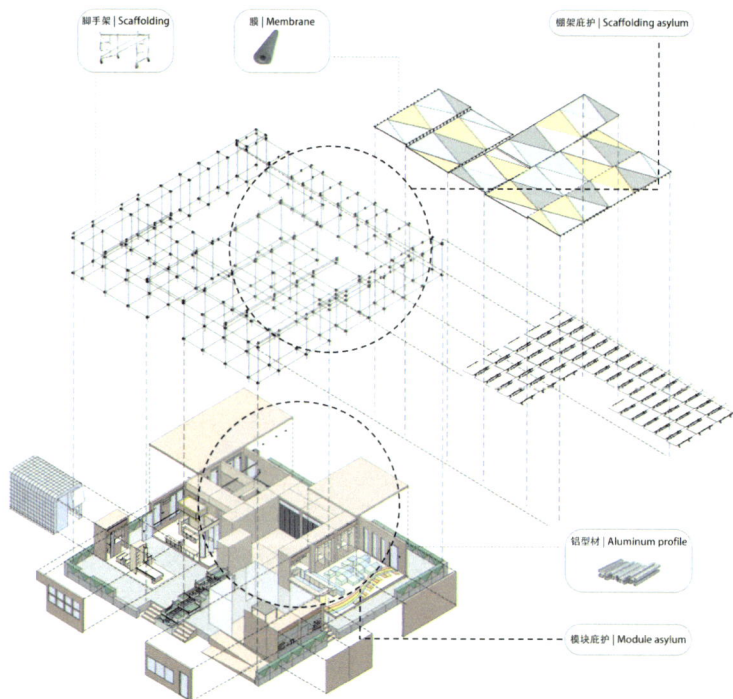

图 5-19　两层庇护：模块庇护与棚架庇护
资料来源：郭昊龙等。

图 5-20　棚膜下的灾后庇护空间
摄影：边文彦、李珺杰。

高的回收性，再生铝的特性与原生铝几乎没有性能差别，是一种典型的可持续绿色建材。在大多数环境条件下，包括在空气、水（或盐水）、石油化学和很多化学体系中，铝能显示优良的抗腐蚀性。因此，铝材在可持续应急空间中，体现出了材料循环利用、工业化加工与建造、轻质耐久等优势。在 BBBC 策略中标准模块的尺度下（1.2m×2.4m×2.7m），将整体产品的结构重量控制在 125kg，这个重量可采用叉车搬运或摩托车托运的交通方式，对灾后路面交通的要求较低，利于快速深入交通不便的受灾地区展开紧急救援和居民安置。基于铝框架和铝材围护的全铝建筑的建造方法以及节点优化设计，BBBC 项目优化了设计构件与连接方式，在短期的时间内满足快速建造的要求（图 5-21）。

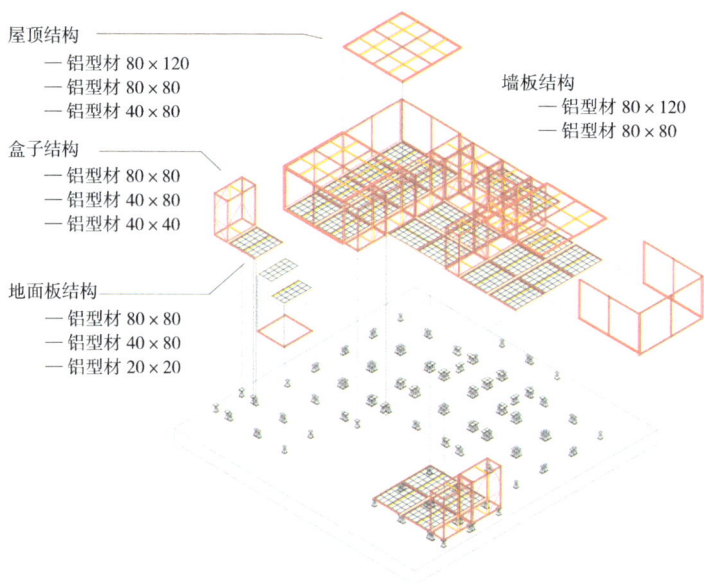

图 5-21 全铝结构建筑框架（mm）

资料来源：项目组。

模块化的设计实现了模块的快速拆装和重复利用，结构体系使模块梯次循环使用达到 30 次以上，从而大大降低了建筑单次使用的成本。板墙之间采用了利于快速搭建的门栓式重型锁扣，每个锁扣的最大夹持力达到 3000kg，每个墙板上两个垂直边和一个水平边各 3 个锁扣，共 9 个锁扣与底部一字板连接，共同实现墙体承重的稳固结构（图 5-22）。

（2）快速搭建的半室外庇护空间

半室外由脚手架搭建而成的庇护空间，采用十字形腕扣的连接方式。脚手架本身是为建筑施工过

图 5-22 快速搭建的门栓式重型锁扣连接

程顺利进行而搭设的工作平台脚手架采用标准的 ϕ 48mm 圆钢管匹配十字腕扣，可以实现正交及斜角搭建的多种形式。脚手架搭建十分迅速，在现场仅用 1 天时间就可全部完成，并且每根圆钢管的重量仅十几公斤，在人工负重的范畴，完全不依赖于机械设备，实现在灾后环境下的公众参与（图 5-23）。

图 5-23　十字形腕扣脚手架的半室外庇护空间

5.4.3　能源韧性

发灾后能源的供给是保障灾区通信、炊事、取暖的重要保障，对灾后的社区安置极为重要。在供能形式上依据能源韧性理论，考虑到场景的不确定性，能源模块以光伏作为主要能源来源，采用水势能、化石能、生物能、风能、动能互补的弹性供能方式（图 5-24）。BBBC 的有源模块实现全直流建筑的构想，从而提升供电系统的用电效率并减少电压转化过程中的能量损耗。全直流建筑不仅能让能源消耗降低 10%，在插座等用电末端还能将电压控制在人体安全电压内，实现用电安全，风险可控（图 5-25）。

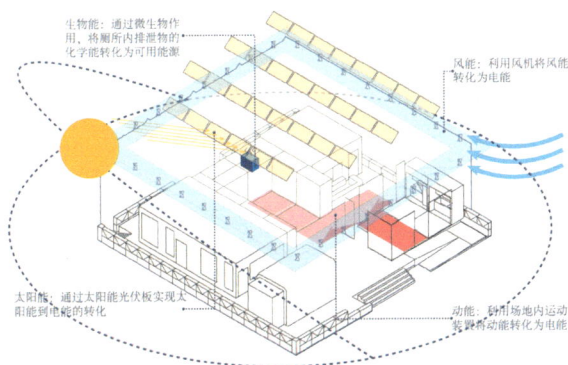

图 5-24　多能互补
资料来源：林睿。

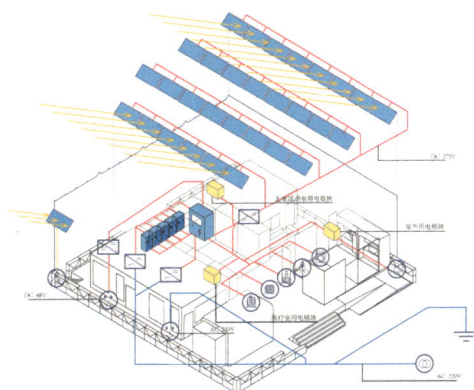

图 5-25　直流建筑系统
资料来源：林睿。

　　建筑屋面上安装 N 型双面双玻光伏组件，双面主体的光伏电力系统采用光伏智慧能源解决方案，选择高效、高性能的 N 型双面双玻组件，正面效率大于 22%，背面效率大于 19%，且兼具无 LID、低工作温度、低温度系数、优越的弱光响应等优势（图 5-26，表 5-5）。

图 5-26　建筑屋面光伏照片
摄影：张文。

BBBC 光伏系统参数表　　　　　　　　　　　　　　　　表 5-5

参数项	参数
房屋模块尺寸	1200mm × 2400mm
单晶基本尺寸	166.00mm × 83.00mm
定制组件尺寸	2108mm × 1042mm × 30mm
串并联	8×2；5×7
有效面积	112m²
综合效率	23.2 %
V_{oc}	50.8V
V_{mmp}	42.4V
I_{tc}	11.69A
峰值功率（P_{max}）温度系数	−0.320%/℃
开路电压（V_{oc}）温度系数	−0.260%/℃
短路电压（I_{tc}）温度系数	+0.046%/℃
标称工作温度（NOCT）	42±2℃

资料来源：项目组。

农制生计是灾后恢复阶段灾民公众参与策略，共同有序恢复经济收入以及心理纾解的手段。在农业景观用水的策略中，水循环系统整合了生活用水、雨水两部分，通过净水系统实现水循环利用，净化后的水系统结合灰空间内部的景观种植以及建筑四周的种植，形成景观用水的补给（图5-27、图5-28）。选用经济类作物作为绿化。雨水经过中庭自制净水装置过滤后，可直接浇灌植物。无水马桶可继续分解废料、处理成为肥料，重新运输至景观位置堆肥，实现资源的可持续发展，让村民通过灾后农活生计，得到一定的心灵纾解（图5-29、图5-30）。

BBBC项目是一次基于可持续灾后应急建筑项目的尝试。在QSAND体系的影响下，按照灾难时间表，将设计应对的时间段分为：（1）备灾阶段；（2）72小时紧急救援阶段（对应QSAND-PAT阶段）；（3）灾后过渡恢复阶段（对应QSAND-CAT阶段）。

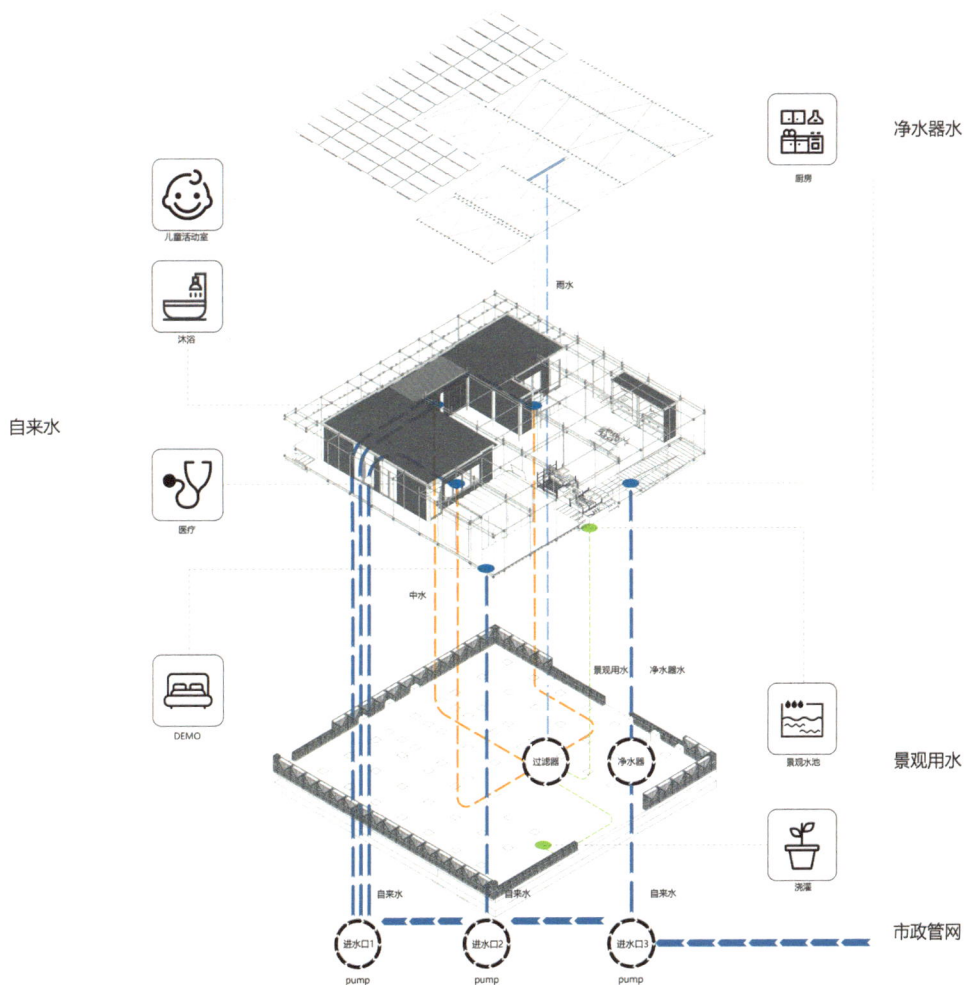

图5-27 水循环系统
资料来源：王浩骏。

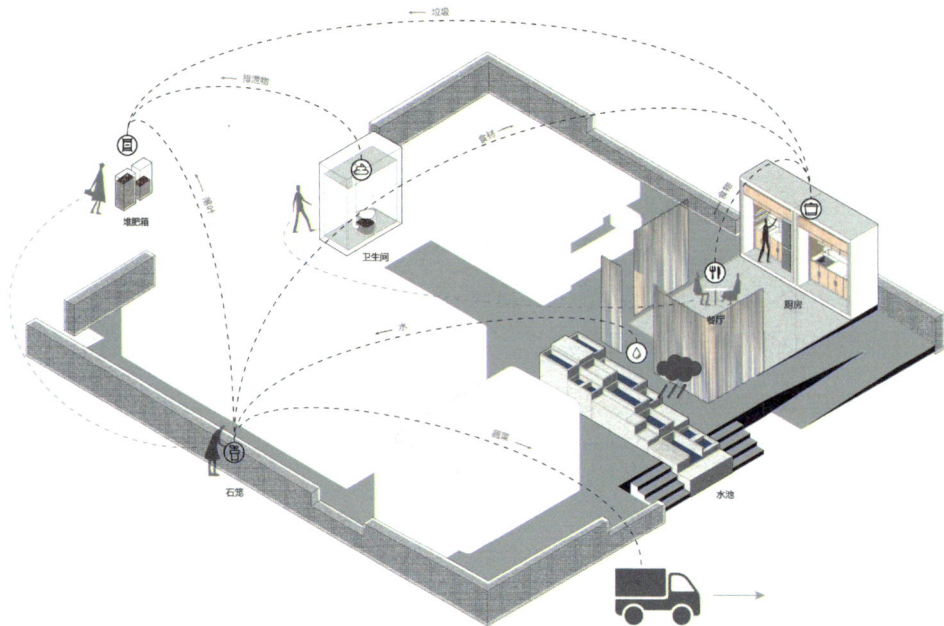

图 5-28　农制生计系统
资料来源：赵如月。

图 5-29　景观石笼
摄影：李珺杰。

图 5-30　中庭农业种植
摄影：边义彦。

建筑依靠太阳能提供房屋所有的能源，发灾后能源的供给是保障灾区通信、炊事、取暖的重要保障，对灾后的社区安置极为重要。对建造速度和使用者的健康关怀也有更高的要求，体现了"小""轻"等优势。

根据联合国报告《灾害的代价 2000—2019》，过去 20 年间，全球的洪水灾害数量从 1389 起上升到 3254 起，增加了两倍多，占灾害总数的 40%，影响人数达 165 万人。其次是风暴灾害，发生数量从 1457 起上升到 2034 起，占到灾害总数的 28%。此外，干旱、山火、极端气温，以及地震和海啸等自然灾害的发生次数均出现显著上升。可持续发展的核心理念是注重长远、科学规划和追求效率，而关爱和支援灾区的最高境界，也应是可持续的。寻求更好的灾后救援方案，才能让流离失所者在灾后快速拥有一个温暖、舒适的家。

参考文献

［1］庄惟敏，刘加平，王建国，等.建筑碳中和的关键前沿基础科学问题[J].中国科学基金，2023，37（3）：348–352.

［2］中华人民共和国应急管理部，应急管理部发布2022年全国十大自然灾害.https：//www.mem.gov.cn/xw/yjglbgzdt/202301/t20230112_440396.shtml.

［3］UN News，United Nation.Accessed 10/02/23：https：//news.un.org/zh/audio/2015/12/307252.

［4］Han W.，Liang C.，Jiang B.，Ma W.，Zhang Y.，Major natural disasters in China，1985–2014：occurrence and damages.International journal of environmental research and public health，2016，13（11）：1118.https：//doi.org/10.3390/ijerph13111118.

［5］中共中央、国务院.《扩大内需战略规划纲要（2022—2035年）》.Accessed 10/02/23.

［6］宋晔皓.在可持续建筑中放大建筑学的价值[J].建筑技术，2022，53（10）：1426–1428.

［7］SDG's Goals，United Nation.Accessed 10/02/23：https：//www.un.org/en/node/82393.

［8］中国建筑标准设计研究院，中华人民共和国住房和城乡建设部.地震灾区过渡安置房建设技术导则.2008.

［9］仇保兴.地震后重建家园指导手册[M].北京：中国建筑工业出版社，2008.

［10］BRE. Quantifying Sustainability in the aftermath of nature disasters. Guidance manual，2014.

［11］Sharon Tsoon Ting Lo，Emily Ying Yang Chan，Gloria Kwong Wai Chan，Virginia Murray，Jonathan Abrahams，Ali Ardalan，Ryoma Kayano，Johnny Chung Wai Yau. Health emergency and disaster risk management（Health–EDRM）：developing the research field within the sendai framework paradigm[J]. International journal of disaster risk science，2017，8（2）：145–149.

［12］The Sphere Project. Sphere handbook：humanitarian charter and minimum standards in disaster response，2004.

［13］张磊.韧性理论视角下贫困村灾后恢复重建与灾害风险管理刍议[J].灾害学，2021，36（2）：159–165+175.

［14］陈智乾，胡剑双，王华伟.韧性城市规划理念融入国土空间规划体系的思考[J].规划师，2021，37（1）：72–76+92.

［15］曹惠民，杨帆杰.韧性城市规划与公共安全风险的精准治理——以雄安新区为例[J].新建筑，2021（1）：11–15.

［16］施生旭，周晓琳，郑逸芳.韧性社区应急治理：逻辑分析与策略选择[J].城市发展研究，2021，28（3）：85–91.

［17］彭翀，郭祖源，彭仲仁.国外社区韧性的理论与实践进展[J].国际城市规划，2017，32（4）：60–66.

［18］李亚，翟国方.我国城市灾害韧性评估及其提升策略研究[J].规划师，2017，33（8）：5–11.

［19］唐庆鹏.风险共处与治理下移——国外弹性社区研究及其对我国的启示[J].国外社会科学，2015（2）：81–87.

［20］谢起慧.发达国家建设韧性城市的政策启示[J].科学决策，2017（4）：60-75.

［21］曹惠民，杨帆杰.韧性城市规划与公共安全风险的精准治理——以雄安新区为例[J].新建筑，2021，194（1）：11-15.

［22］谭刚毅，曹筱袅，高亦卓.从城市安全到安全城市——三线建设与脱险调迁的经验启示[J].新建筑，2021，194（1）：16-21.

［23］马玥莹，王云才.城市水系统韧性视角下的绿色基础设施构建——以哈尔滨何家沟地区为例[J].城市建筑，2022，19（11）：5-10. DOI：10.19892/j.cnki.csjz.2022.11.02.

［24］周俭.灾后重建规划与设计集成方法实践"5·12"汶川地震灾后重建十年回顾[J].时代建筑，2018，161（3）：128-131. DOI：10.13717/j.cnki.ta.

［25］杨春燕，姜熙.都江堰灾后社区重建模式探索[J].新建筑，2009，127（6）：134-136.

［26］张彤，韩冬青，王建国，等.绵竹市广济镇灾后重建的整体性设计[J].建筑学报，2010，505（9）：38-41.

［27］李岳岩，毛刚.4·20芦山地震灾后重建——龙门古镇核心区，四川，中国[J].世界建筑，2021，371（5）：76-77.

［28］Saghita Desiyana Maurischa. Transformative resilience：transformation, resilience and capacity of coastal communities in facing disasters in two Indonesian villages[J]. International journal of disaster risk reduction，2023（88）.

［29］褚冬竹，顾明睿.灾变的意义：从城市安全到建筑学锻造[J].新建筑，2021，194（1）：4-10.

［30］李云燕，彭燕，李壮.基于人群分布的高密度老城区避灾空间优化——以重庆渝中半岛为例[J].新建筑，2021，194（1）：41-46.

［31］赖文波，高金华.大学校园应急避难场所设计策略研究[J].新建筑，2021，194（1）：53-57.

［32］蔡凯臻.基于防灾安全的住区空间更新改造——日本实践及其启示[J].新建筑，2021，194（1）：58-62.

［33］罗国辉.探析3D打印技术在震后建筑应急、修复与重建中的应用[J].城市建筑，2019，16（31）：176-178+184. DOI：10.19892/j.cnki.csjz.2019.31.042.

［34］郑彦，张伟郁.基于地震应急避难所视角的中小学校建筑设计研究[J].城市建筑，2020，17（17）：119-120+140. DOI：10.19892/j.cnki.csjz.2020.17.041.

［35］沈中伟，周鑫.灾后重建中建筑学的责任[J].新建筑，2008，121（6）：38-43.

［36］林志森，张玉坤.构造创新：震后废旧建筑材料的再利用——兼谈《地震灾区建筑垃圾处理技术导则（试行）》[J].新建筑，2008，121（6）：85-88.

［37］成辉，胡冗冗，刘加平，等.灾后重建乡村建筑的生态化探索与实践[J].建筑学报，2009，494（10）：86-89.

［38］吴恩融，万丽，迟辛安，等.光明村灾后重建示范项目，昭通，中国[J].世界建筑，2017，321（3）：166. DOI：10.16414/j.wa.2017.03.058.

［39］李珺杰，吴玺君，张文，等.韧性之光：可持续灾后应急建筑与能源[J].建筑学报，2022，649（12）：31-37. DOI：10.19819/j.cnki.ISSN0529-1399.202212005.

［40］Leslie Mabon，Enhancing post-disaster resilience by "building back greener"：evaluating the contribution of nature-based solutions to recovery planning in Futaba County，Fukushima Prefecture，Japan[J]. Landscape and Urban Planning，2019，187：105-118.

［41］薛名辉，胡佳雨，张姗姗，等.行人视角下日本地下街安全感评价——以名古屋市地下街为例[J].新建筑，2021，194（1）：63-68.

［42］黄孙权.三种脉络，三个方法——谢英俊建筑的社会性[J].新建筑，2014（1）：4-9.

［43］李珺杰，赵如月，吴炜，等.人境交互：人因建筑学视角下的建筑空间信息与人体知觉反馈[J].建筑师，2022，217（3）：69-78.

［44］唐建，孙美琪，陈杨.关于改善灾后群体心理障碍的室内设计手法分析[J].城市建筑，2021，18（4）：152-154.

［45］Patrick Daly，Saiful Mahdi，Jamie McCaughey. Rethinking relief，reconstruction and development：evaluating the effectiveness and sustainability of post-disaster livelihood aid [J]. International journal of disaster risk reduction，2020，49.

［46］朱竞翔.“轻”——原型与演化[J].建筑学报，2014，555（12）：79.

［47］陈科，朱竞翔，吴程辉.轻量建筑系统的技术探索与价值拓展——朱竞翔团队访谈[J].新建筑，2017，171（2）：9-14.

［48］张宏，丛勐，张睿哲，等.一种预组装房屋系统的设计研发、改进与应用——建筑产品模式与新型建筑学构建[J].新建筑，2017，171（2）：19-23.

［49］张宏，宗德新，黑赏罡，叶红雨，赵亮.装配式建筑设计与建造技术发展概述[J].新建筑，2022，203（4）：4-8.

［50］UNHCR. The environment and climate change. United Nations High Commission for Refugees，2015，Geneva.

［51］Thomas，P. J. M.，Rosenberg-Jansen，S.，& Jenks，A. Moving beyond informal action：sustainable energy and the humanitarian response system. Journal of International Humanitarian Action，2021，6（1），1-20.

［52］Lehne，J.，Blyth，W.，Lahn，G.，Bazilian，M.，Grafham，O. Energy services for refugees and displaced people. Energy strategy reviews，2016，13，134-146.

［53］Thulstrup，A.，& Joshi，I. Energy access：building resilience in acute and protracted crises. The World Bank. 2017，115061：1-11.

［54］李珺杰，边文彦，张文.可持续灾后应急建筑韧性体系的探索与实践——以 BBBC 项目为例[J].世界建筑，2023，391（1）：86-93.DOI：10.16414/j.wa.2023.01.013.

［55］Chang, L. Research on green and healthy “design build” of solar emergency and disaster relief buildings [D]. Tianjin University. DOI：10.27356/d.cnki.gtjdu.2018.001495.

［56］Kalpana，V.，Shanthi，S.，Britto，A.，& Prakash，N. B. Internet of thing based smart traffic control signal using solar energy. Journal of computational and theoretical nanoscience，2020，17（12），5334-5338.

［57］Hasegawa，K.，Yoshino，H.，Yanagi，U.，Azuma，K.，Osawa，H.，Kagi，N. Indoor thermal environment of temporary houses built after great east Japan earthquake in 2011 and proposal of thermal performance for building envelopes and mechanical ventilation system[J]. Journal of environmental engineering（Japan），2017，82（731）. https：//doi.org/10.3130/aije.82.19.

［58］Wang，Y.，Deng，S.，Wang，L.，Xiang，M.，& Long，E. The influence of the deteriorations in living environments on the health of disaster victims following a natural disaster. procedia engineering，2015，121：203-211. https：//doi.org/10.1016/j.proeng.2015.08.1054.

［59］中华人民共和国住房和城乡建设部.防灾避难场所设计规范（2021版）：GB 51143—2015[S].北京：

中国建筑工业出版社，2016.

［60］Lahn，G.，Grafham，O.，Annan，K. A. Royal Institute of International Affairs.（n.d.）. Heat，light and power for refugees：saving lives，reducing costs.

［61］Global Shelter Cluster.（2018）GSC Strategy 2018-2022. Accessed 20/6/22 at：https：//sheltercluster. s3.eu-central-1.amazonaws.com/public/docs/gsc-strategy-narrative.pdf.

［62］Maghami，M. R.，Maghoul，A.，Dehkohneh，S. S.，Gomes，C.，Hizam，H.，& Othman，M. L.

［63］B. Hybrid renewable energy as power supply for shelter during natural disasters. In 2016 IEEE International Conference on Automatic Control and Intelligent Systems（I2CACIS）. IEEE，2018：34-39.

第 6 章
可持续设计的学校教育

竞赛的目标是创建一个劳动力发展和教育项目，为学生建筑师、工程师、商业专业学生和传播者提供合作设计和建造可持续住房项目的机会。中国国际太阳能十项全能竞赛（SDC）寻求在以下规模上实现其影响：

·致力于人才培养，为学生提供独特的学习机会，并将理论付诸实践。这些项目由多学科团队开发，让学生有机会学习技术问题和团队合作、沟通技巧和社会经济问题。

·创建一个平台，向公众宣传可再生能源、高性能建筑和低碳生活方式，提高人们对节能和环境保护的认识。

·不断深化产学研合作，促进产业发展。倡导注重效率和可持续性，促进产业升级和转型的企业为主办城市留下遗产。SDC 是可持续城市化的典范，也是积极探索高质量区域发展道路的先驱。

6.1 专业基础教学的课程体系建设

以可持续为目标导向的建筑设计和建造是一个复杂的、综合的过程。在这个过程中，依据可持续的社会、环境、经济的三大原则，持续不断地在建筑生长的各个阶段考虑建筑、人、环境三者之间的关系问题。

根据周若祁先生所构建的绿色建筑体系，它超越以往传统建筑的概念范畴，牢固树立人类可持续发展的观念，综合考虑人的需求、空间的形态与营造、综合效益及环境影响等诸多方面的因素，以人文社会科学、空间形态科学、经济学、生态科学等学科为支持，营建可持续发展的人居环境。

绿色建筑体系由"需求（人与社会）""空间（形态）""营建（技术）""环境（生态）""效益（经济）"五大要素，构成一个相互作用、相互制约的整体。人的需求、社会的需求是"发展"主线，是建筑产生和发展的根本动力；空间形态是人与社会需求和行为轨迹的物化形态，亦是绿的塑造是满足人与社会发展的必要条件，绿色建筑体系的载体；各种工程技术构成的营建系统既是人居环境建设的物质手段和技术支持，也是保护自然、修复生态、治理污染和废弃物资源化处置的主要手段；基本层中"环境"是绿色体系的核心，体现绿色体系本质和主要特征；"效益"是判断环境与发展是否平衡的指标，也是决定建筑体系能否被人们接受并得以实现的关键。

绿色建筑体系由目标层、支持层、基本层、要素群构成（图 6-1）。绿色建筑体系的层级[①] 为：

---

① 周若祁，等 . 绿色建筑体系与黄土高原基本聚居模式 [M]. 北京：中国建筑工业出版社，2007.

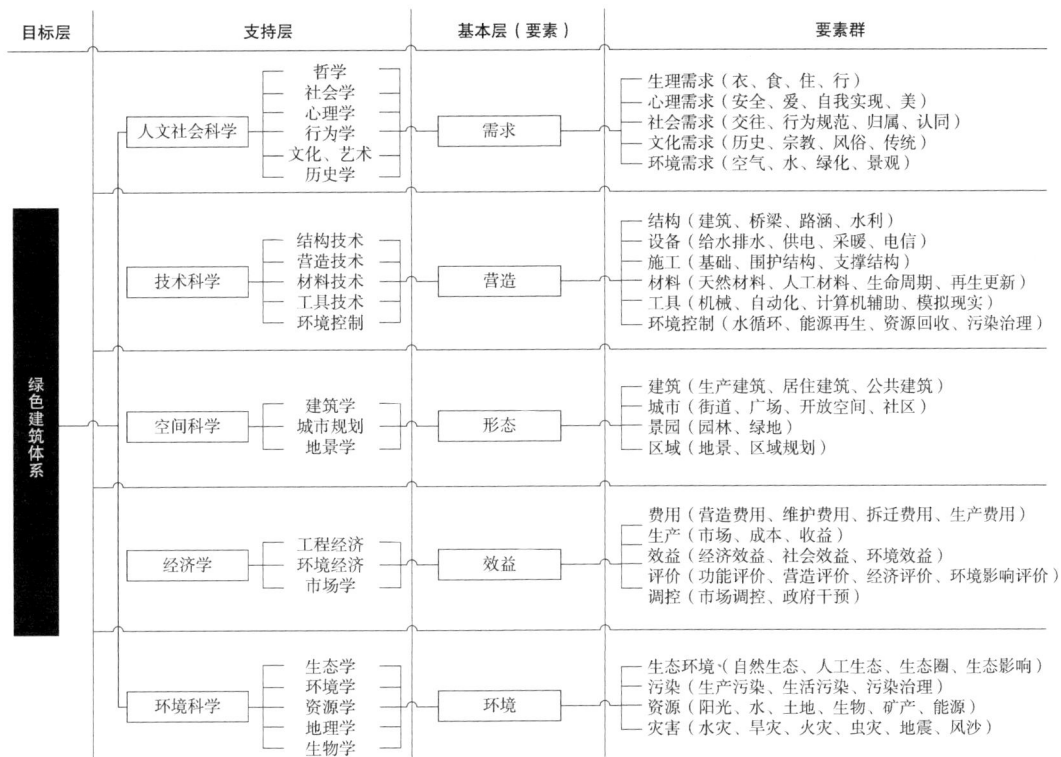

图 6-1 绿色建筑体系构成
资料来源：周若祁，《绿色建筑体系与黄土高原基本聚居模式》。

（1）目标层：以可持续发展为理论为指导，应用系统分析的方法，综合多学科知识，构筑促进人类住区可持续发展的建筑体系。

（2）支持层：以生态学理论为基础，以技术科学和人文社会科学为两大支柱，运用空间学的理论与方法，建立高效、有序的功能组织系统，而经济学则为平衡各个要素之间的关系、优化整体效益提供分析、判断的基础；支持层的五个方面共同构成体系框架的平台。

（3）基本层：由五大要素作为基本层，组成亮橙色建筑体系主体结构。

（4）要素群：基本层五大要素所包含的各项子集合。

在建筑学专业领域，可持续/绿色建筑的设计已经充分融入本科的基础教学当中，已经成为建筑学基础教育中必不可少的环节。通过调研部分高校建筑学在2022年使用的培养计划，可以统计出部分学校建筑学专业教学课程中以绿色、生态、低碳为关键词的课程内容（表6-1）。总体上来看，此类方向的课程类型多样、覆盖全面，具有系列化、专题化的特征。

在北京交通大学的可持续/绿色教学体系中，笔者主讲或参与的相关课程意图形成从本科生到研究生的"知识点—课程链—教学网"的教学体系，形成设计课—理论课相结合的推进式知识体系建构（图6-2）。

部分学校建筑学可持续／绿色建筑方向的课程教育　　　　表 6-1

学校	课程名称	学校	课程名称
清华大学	生态建筑学概论	华南理工大学	数字建造与材料营建
	生态建筑设计策略导论		绿色建筑设计与技术
同济大学	日光与建筑		数字化建筑设计技术
	气候适应性设计概论（英）		绿色建筑专门化设计
天津大学	建筑设计与技术前沿导论	哈尔滨工业大学	绿色建筑专题 -1
	环境设计概论		绿色建筑专题 -2
	建筑环境与可持续发展		可持续住宅设计专题
东南大学	建筑环境与技术基础Ⅰ	华中科技大学	建筑文化生态学
	建筑环境与技术基础Ⅱ		建筑技术概论
	建筑节能新进展		建筑节能概论
	绿色建筑Ⅰ：理论与设计（双语）		环境保护与可持续发展
	绿色建筑Ⅱ：科学与设计（英语）		绿色建筑1
	建筑技术前沿（英语、研讨）		绿色建筑2
	建筑环境控制学前沿（英语、研讨）		绿色建筑3
重庆大学	太阳能建筑设计原理	西安交通大学	建筑环境数值模拟
	被动式设计原理与设计方法		生态可持续建筑设计原理
	绿色建筑概论		绿色建筑设计
	建筑环境控制（1）	北京交通大学	绿色建筑与系统工程
	健康建筑设计概论		建筑细部
	基于性能模拟的低能耗建筑设计		专题设计：绿色建筑
	性能导向的数字化建筑设计	北京工业大学	生态与可持续建筑概论
	建筑环境控制（2）		建筑专题设计 -4（绿色建筑设计）

图 6-2　北京交通大学的可持续／绿色教学体系

本科生 2 年级以可持续为目标导向，理论《建筑细部》/《建筑材料与构造》与设计课程结合，使学生掌握常用建筑材料的基本性质、技术性能和成本差异，培养学生在建筑设计中能明确按照使用目的与使用条件，安全、合理地选用建筑围护结构材料和室内外装饰装修材料并掌握相关的连接技术，熟悉新型材料与建造工艺的发展趋势，传递材料、工艺与环境、资源的知识与意识。

本科 3 年级《建筑材料与构造Ⅲ》是《建筑材料与构造Ⅰ》《建筑材料与构造Ⅱ》《建筑细部》的后续，是在其内容基础上的进一步拓展。课程结合建筑学专业学生《建筑设计》主干课程的设计主题，围绕绿色建筑专题，灵活安排材料与构造技术知识，与学生的设计课程紧密结合。课程基础内容包括绿色建筑、绿色建筑围护系统节能构造、太阳能建筑技术构造、绿色建筑材料专题、建筑构造技术优化等。通过本课程的学习及对当代建筑应用实例的研究，学生在熟悉建筑基本构造设计原理的基础上，提高绿色建筑设计的综合能力；能够应用所掌握的专业知识，正确选用材料和判断各种材料的适应性，合理解决建筑细部节点构造设计，能够适当处理设计中可能出现的一些问题。此外，在课程当中融合思政内容，到达对学生"春风化雨，育人无声"的社会主义核心价值观的教育和培养。《建筑材料与构造Ⅲ》以建筑的可持续发展为前提，以绿色建筑为导向，重点讲授中国本土的建筑特点、建造方法、建筑材料，并关注建筑在设计、建造过程中与环境和使用者的和谐共生，弘扬中国本土建造文化与技艺。向学生传达可持续的建筑学思路，建立未来建筑师对社会、环境的责任感。

本科 4 年级《绿色建筑与系统工程》《绿色建筑概论》是两门阶段更高、综合性更强的理论课程。《绿色建筑与系统工程》是在全球可持续发展的大背景下，在建筑设计和系统工程领域的相关专业知识以及技能的传授。在课程设置中将绿色建筑的理论与技术、建筑气候学、绿色材料与构造、建筑节能与系统工程、建筑环境性能评价、绿色建筑的人文观、可持续发展理论与绿色建筑的设计实践紧密结合。通过建筑气候学的学习，学生能够掌握基本特性、设计原理和设计方法；通过对当代建筑应用实例的研究，使学生在熟悉建筑基本构造设计原理的基础上，提高对绿色建筑设计的综合能力；通过课程实践，合理解决建筑细部节点构造设计，能够适当处理设计中可能出现的工艺、构造和资源环境问题；了解建筑物内部的给水排水系统、供暖系统、电气系统、通风和空调系统等设备工程的基本知识和一般的设计原则与方法；培养学生以节能为目标的综合考虑和合理处理各种建筑设备与建筑主体之间关系的能力；在绿色建筑的原则下，训练对本专业和建筑设计有关知识的交叉应用能力，培养学生在将来实际工作中与建筑学等其他相关专业有效沟通和协同工作的创新能力。《绿色建筑概论》强调学生的思辨与分析研究能力。通过文献资料及案例分析使学生深入了解绿色建筑的概念及其内涵；了解现有国内外绿色建筑评价指标体系；熟悉绿色建筑技术体系；了解绿色建筑材料及节能设备；了解太阳能等可再生能源以及水资源在建筑中的有效利用方法；了解数字技术对绿色建筑发展的作用与趋势等。此外，结合本科 4 年级最后一个设计课程——专题设计，开设了绿色建筑专题的版块，通过实际的设计项目，培养学生对于所学知识的实际应用和融会贯通的能力。

本科 5 年级毕业设计以可持续建筑设计与实践为版块，培养学生的综合能力和工程实践能力。课题来自于真实的工程项目，设计主题侧重有所不同，包含装配式建筑设计、建筑性能提升设计、零能耗建筑设计、零碳社区或者乡村、数字化信息化技术在建筑中的应用等方向。

研究生阶段的相关课程多样性更强，为学生的专业发展设置不同的研究领域，以《环境研究前沿方法》为例，该课程是面向建筑学、城乡规划等专业研究生的前沿方法类课程，以研究环境与建筑的关系为主线，讲述建筑与环境的研究和设计方法，以便于学生学习和掌握前沿的知识。该课程的教学目标是使学习者了解国内外在环境、建筑与人关系研究方面的前沿设计原则与研究方法；利用前沿的方法和实验手段形成创新研究的能力。理解建筑环境学、建筑物理学、建筑环境行为心理学等学科与研究型的建筑环境设计的交叉与协同内涵，理解人、建筑、环境在可持续发展进程中所具有的重要互动关系（包括相互制约和促进），培养学生创新研究和交叉应用的能力，提升学生的科研、实验与写作的能力。课程内容包括了建筑环境系统论；建筑物理环境与控制；建筑环境实验心理学；建筑声景环境；建筑环境与人体知觉反馈。当然，这是庞大的可持续设计中非常具体的一个分支，实际研究生的教学课程还存在更多的方向供学生选择。

6.2 以竞赛作为教学推动

本书作者自 2009 年学生时期到 2023 年执教时期共参加过 4 届国际太阳能十项全能竞赛（SDE 2010，SDC 2013，SDC 2018，SDC 2021），通过从"学"到"教"亲身体验，感悟到亲身参可持续设计对学生的教育意义。因此，本书最后以该竞赛为例，介绍笔者在竞赛过程中的教与学的体悟。该竞赛的综合难度相当大，是一项集研究、工程、组织、协调、实践、技能、管理于一体的综合性项目，培养学生提前步入社会走向市场的预演。竞赛对于建筑学的教育具有重要的意义，是对建筑学专业从理论到实践的知识转化的过程，主要体现在以下几个方面：

（1）跨学科交流的教育模式。在完成比赛的同时加强了不同学科间的交流与互动，可以迸发创新的火花。竞赛打破专业界限，搭建跨学科教学平台，在 SDC 2018 的备赛环节中，学校共有 8 个院校，包括建筑与艺术学院、土木工程学院、电气工程学院、计算机学院、语言与传播学院、经济管理学院、交通与运输学院、理学院共同设置课程、大创等形式完成跨学科的教学内容。

（2）拓展第二课堂以及社会实践教育。将竞赛与学生能力培养和提升全面结合，创新的教学模式鼓励学生课外时间钻研科研，关注社会需求，也正是锻炼建筑学学生学会观察，发现问题的能力；北京交通大学已经是第三次参加此竞赛，前两次完成的竞赛作品以住宅建筑为主题，关注中国传统空间形态以及新城镇养老问题，而第三次赛队将服务的目标瞄准最需要帮助的脆弱群体，特别是在灾难后需要帮助的人群，这体现出建筑学人在人文关怀、社会的可持续性以及未来建筑师培养上的社会责任意识。

（3）理论联系实践，真刀真枪地盖房子。竞赛涉及策划、设计、施工、实体搭建、实验监测及市场宣传等建造的全过程，并包含与社会企业、厂商及相关设计院的沟通协作以及国内外多学科交流等，具有很强的社会实践性质。竞赛最大的创新在于带领学生们真刀实枪盖房子以及亲手运营和维护，因此各个学科都可以通过实习等环节让学生了解工艺流程或者施工组织。亲手参与建造建筑和各个系统也是北京交通大学团队参赛一直以来坚持的内容，实践锻炼让学生们真正体会从图纸到房屋的全过程，从设计到建造的理解更加深刻。

（4）全面接触社会的体验。除完成比赛外，大赛还在深入挖掘技术成果价值、宣传自身作品等方面具有要求，促进学生全面接触社会，并在团队合作中增加集体荣誉感，锻炼并提高个人能力，最终树立正确人生观和价值观。

（5）广泛国际交流。面对全球优秀的院校与大学生，参赛团队包括了国际和国内的知名院校，诸多大学均在往届比赛中获得优异的成绩。学生在比赛中可以进行广泛的国际交流，比赛既是与其他国际队伍的竞争，也提供很好的学习的机会。

北京交通大学自2011年开始参赛至今，已经连续11年（三届）参加中国国际太阳能十项全能竞赛。在这个过程中培养学生二百余人（图6-3）。在教学过程中，教师团队通过教学过程整合，形成课堂教学与实践教学的有机整合。

SDC 2013 i-yard 1.0　　　　SDC 2018 i-yard 2.0　　　　SDC 2021 BBBC

图6-3 北京交通大学SDC竞赛的三届参赛历程

（1）跨年级的教学实践

1）跨年级的梯队建设区分知识与能力层次

历时 3 年的竞赛对在学的学生来说是一个非常长的周期，参加竞赛的学生在纵向分布上从本科 1 年级到博士 2 年级，形成了一个纵向的梯队关系。领队的项目经理由博士生担任，主要负责项目团队的建设、项目进度的把控以及与组委会和社会企业的沟通。设计初始团队的主要成员主要来自于建筑学本科 3 年级的学生，由于建筑学本科的学制为五年，主力队员们从本科 3 年级时对专业知识的懵懂阶段，到 5 年级能够综合运用专业知识的阶段，在这个三年中，他们在专业课的学习上有了充分的理论与实践的联系与锻炼，也使学生们更加深刻地认知了专业的特点，为今后的从业给予了充分的保障。

2）发挥学生学习过程中的自觉主动性

学生不仅是个体在专业性方面随着专业学习的深入而加强，由于跨年级的梯队建设，高年级的学生在这个过程中学会了如何成为一个团队的核心，如何领导团队的合作，如何提高各个专业小组的工作效率；低年级的同学跟着具有新鲜经验的学长，在参与的过程中学习到更加具体、更加符合学生理解语境的知识内容。学生在三年的过程中，对专业任务的执着，对工作内容的责任感，对人与事的热情，更是今后走向工作岗位后珍贵的品质。

（2）跨学科团队平台建设

设计并建造一座零能耗住宅麻雀虽小五脏俱全，涉及人居环境的方方面面，包含建筑学、土木工程、环境工程、电气工程、经济管理、工程管理、材料工程、语言传播、艺术设计、智慧家居、智能控制等多个专业和方向。赛队由 20 余名老师和 60 余名本硕博在读学生组成，涵盖 7 个学院 10 个不同专业、分为项目经理、设计组、工程组、系统组、宣传组、施工组、项目管理办公室 7 个组别（图 6-4）。

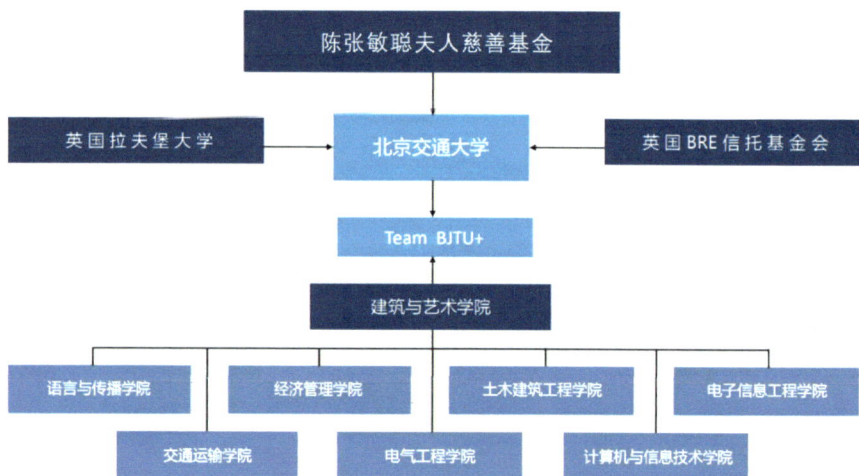

图 6-4　SDC 2022 竞赛团队架构

（3）竞赛与课程的整合与创新

1）跨专业的课程整合

在以学生为主体的组织教学体系中，课程整合的基本原则有两个：

第一，拓展第二课堂以及社会实践教育，将此次竞赛与学生能力培养和提升全面结合。竞赛结合北京交通大学的大学生创新创业竞赛、挑战杯等第二课堂，以研究性活动促进学生们在太阳能建筑探索方面追求卓越，为关注太阳能建筑的同学提供一个平台，交流共享研究资源。北京交通大学团队结合此次竞赛在校内大创项目，打造更具有创新性、研究性的项目团队，让项目成员得到系统性项目体验。吸引一批对于太阳能建筑感兴趣的同学参与，并充分利用其课余时间进行研究和实验。

第二，打破专业界限，搭建跨学科教学平台，根据竞赛进展的不同阶段设置课程。在专业课程整合上，在竞赛的初期，通过设计课和方案竞赛，选取最优方案，与不同专业特别是电气工程专业同学合作，共同对方案的可行性及质量进行评价。方案确定后，结合建筑、设备工程、建设管理、电气工程等不同专业的同学成立不同的研究型小组，进行研究探索，不断试验，提出创新的解决方案。同时，通过毕业设计，整合《建筑细部》《建筑材料与构造Ⅰ》《建筑材料与构造Ⅲ》《建筑技术概论》《绿色建筑概论》《建筑设备》《绿色建筑与系统工程》等的课程教学与实践环节，将太阳能十项全能竞赛与鼓励学生创新的竞赛活动完美结合，不仅综合展示和评比学生们的成果，增强了学生们的专业自信，而且扩大了太阳能十项全能活动的宣传和推广力度。

2）基于具体需求和动手实践的课程创新

课程创新主要体现在三个方面的内容：

第一，根据太阳能竞赛要求，调整课程的实践环节培养，增强课程的针对性。

以建筑学开设的《建筑材料与构造Ⅰ》课程为例，依据竞赛要求课程重新拟定了实践环节的任务书。根据北京交通大学团队设计的 i-yard 2.0 的特点，要求学生们基于老年人的生活需求，利用混凝土设计并制作便于老年人生活的物品（图6-5）。在《建筑材料与构造Ⅲ》的课程环节中，依据竞赛设计零能耗住宅的要求，学生从材料构造、被动式的空间、墙体节能做法等方面作出了创新的设计策略，并且通过双手建造了足尺的模型（图6-6）。

第二，课程引入BIM（建筑信息模型）技术内容，整合跨学科研究。BIM 协同设计的理念催生了新的工作流程和行业惯例。在准备此次竞赛的过程中，团队组建了由建筑、结构、给水排水、暖通空调、电机系在内的十余名同学组成的BIM 团队，在协作之初，邀请中国专业人才库全国BIM 建筑管理师考评管理中心的专家专门举办了BIM 专业技术培训，部分同学获得了BIM 专业技术证书。学生团队完成了一次全面的、基于全专业协同平台的由方案设计到初步设计，再到施工图设计，最终到成果碰撞检测的全过程。其完成的成果直接应用于建筑实践，很好地指导了建造和运营。

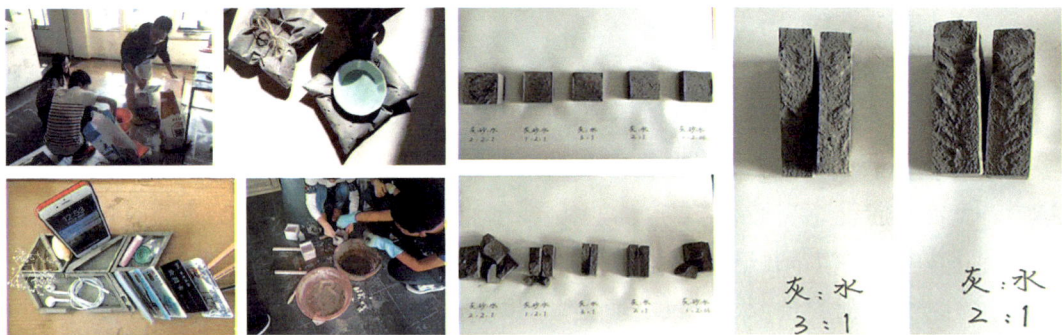

图 6-5 《建筑材料与构造Ⅰ》课程的混凝土设计实践

图 6-6 《建筑材料与构造Ⅲ》课程的建筑性能设计实践

第三，太阳能十项全能教学环节最大的创新点是：带领学生们真刀实枪盖房子，运营和维护房子。从目前教学来讲，各个学科都可以通过实习等环节让学生了解工艺流程或者施工组织等等，由于有限的教学时间限制，不可能实际上让学生们深入到一线从事一线人员的工作活动。太阳能十项全能要求学生们亲手搭建建筑和各个系统。在两年的时间里面，学生们依照竞赛流程，在预搭建现场展开了为期 6 个月的预搭建，学生利用课余时间轮流在现场驻场指导，在正式比赛期间拆解为 9 个模块后，在正式比赛现场仅用了 2 天时间就完成了主体结构的搭建，极为熟悉了各个学科涉及的设备系统的安装和维护（图 6-7）。

这种教学体验，学生们不仅进行了纸面和实验室的创造，而且联系了厂家，选定和改造了设备，进一步共同完成了建造，共同完成了设备的维修和维护。经历过这样的教学环节，相信他们对于专业的理解将会更加透彻，对于未来的职业和研究，将会更加目标明确，更加有的放矢。

（4）太阳能十项全能竞赛后的教学思考

第一，如何形成一个互信可靠的团队。在竞赛之初，学生们都是将信将疑地参加，起初对竞赛并没有太多信心。老师需要跟学生们时刻保持共同进退，与他们成为合作伙伴，成为朋友，尊重他们的意愿，聆听他们的想法，在专业上给予指导的同时，有很大一部分时间是对学生们心理上的辅导，让他们获得信心并且勇于承担责任。此外，

图 6-7　教师与学生在建造过程中的实践教学

在团队架构设立时，不仅要建立起能够协作的核心团队，也要形成接班梯队，保证竞赛研究和建造的可持续性。

第二，培养大量信息的筛选能力，在选定的领域下持续深耕。当下学生面临信息爆炸的时期，信息涌入给学生们在选择决策的时候带来了新的难题，多目标广撒网的培养方式能够找到个人兴趣，但深度不足，浅尝辄止。如果改变过程式的培养模式，而转变成为目标导向式的培养模式，在有明确目标的培养路径上，增强学生的综合能力，将是在专业人才培养上的深度提升。竞赛活动中学生在专业技能培养、团队组织、项目管理、科研论文的撰写、实际动手方面都有了更具针对性的锻炼，是一次面向未来工作的实战演练。学生边学边用，周期虽长，过程虽有反复，但确是教学与培养的必要环节，为今后的执业做好了铺垫。

参考文献

［1］　孙一民.竞赛、建造与教育——2018 中国国际太阳能十项全能竞赛综述 [J].建筑学报，2018（12）：77–79.

［2］　师劭航，刘兆鸿，刘实，朱宁，宋晔皓，张弘.可持续的建筑实践教育——中国国际太阳能十项全能竞赛中的技术创新与人才培养 [J].建筑学报，2022（12）：24–30. DOI：10.19819/j.cnki.ISSN0529–1399.202212004.

［3］　夏珩，徐宁，范悦，彭小松，曲菲，陶亦奇.刻意、克制与克服——2022 中国国际太阳能十项全能竞赛"像素之家"教学反思 [J].建筑学报，2022（12）：38–45. DOI：10.19819/j.cnki.ISSN0529–1399.202212006.

［4］　李珺杰，夏海山.建筑学专业教学中创新育人模式探讨——以 2018 年国际太阳能十项全能竞赛教学为例.新时代一流本科人才培养的探索与实践——北京交通大学本科教学研究与改革论文集（2020）.北京：北京交通大学出版社，2021（11）：74–80.

作者简介

李珺杰，北京交通大学建筑与艺术学院副教授，苏黎世联邦理工大学（ETH）客座教授（2022—2023 年）。清华大学博士，中英双硕士。

在气候环境变化的严峻背景下，建筑作为三大耗能产业之一占据全社会总能耗的 30% 以上。为了响应"双碳"目标的国家重大战略，作者的研究方向围绕可持续建筑设计与建造体系，聚焦高性能的建筑环境表现领域，研究成果集中在以可持续性能为导向的建筑空间原型设计研究、近零能耗建筑设计与建造技术研究以及基于人体感知的空间环境的评价与设计反馈三个层面。目前在国内外重要期刊及会议上发表论文 80 余篇，获得国家专利 15 项；出版著作 7 部，1 篇文章收录首都高端智库报告，1 篇评论文章收录《人民日报》（海外版），被新华网、人民网等 50 余家媒体转载。

主持国家自然科学基金、北京市自然科学基金、教育部人文社科项目等，共计 24 项。参与国家科技支撑课题、国家自然基金项目等 14 项。研究成果应用于国际级竞赛项目，起到了国际领先的示范效果。相应成果获教育部科技进步二等奖、2019AHA 年度总冠军（国际最高奖）、2013 年及 2018 年国际太阳能十项全能竞赛多个单项冠军、清华大学优秀博士论文一等奖、北京高校青年教师社会调研成果一等奖 2 项。主持建成零碳示范建筑项目 5 项，设计项目入库于国家级备灾仓库。

入选北京交通大学"青英 II"计划（2021 年）、"双青培育"计划（2021 年），入选"中国科协优秀中外青年交流计划"（2019 年）以及入选"博士后国际交流计划"（2017 年）等人才项目。担任美国能源与环境设计先锋认证专家（LEED AP 2014—2018 年）、AH AP 专业培训师（AH AP Diploma）、中国城市科学研究会绿色建筑与节能专业委员会委员、绿色建筑理论与实践组成员、DTSA–SPSD 国际学术委员会委员、国家自然科学基金等通讯评审及多个国际顶级期刊的审稿人。